中国编辑学会组编

中国科技之路

交通卷

中宣部主题出版
重点出版物

交通先行

本卷主编 严新平

人民交通出版社股份有限公司
北京

图书在版编目（CIP）数据

中国科技之路. 交通卷. 交通先行 / 中国编辑学会组织编写. —北京：人民交通出版社股份有限公司，2021.6

ISBN 978-7-114-17350-9

Ⅰ. ①中… Ⅱ. ①中… Ⅲ. ①技术史—中国—现代②交通工程—工程技术—技术史—中国—现代 Ⅳ. ① N092 ② U491

中国版本图书馆 CIP 数据核字（2021）第 098862 号

内容提要

本书是中国编辑学会组织编写的《中国科技之路》丛书的交通卷。该书全景式展现了在中国共产党领导下，我国交通运输事业发展的辉煌成就，彰显了科技进步对于交通发展的重大意义。

全书分为总述、交通科技亮点详述和未来展望三大部分。总述部分概览性介绍了新中国成立以来，交通运输与交通科技的发展历程。交通科技亮点详述部分则介绍了交通运输标志性工程所蕴含的科技力量。未来展望部分着眼于在加快建设交通强国的背景下，新科技革命与产业变革的时代浪潮推动交通运输进步发展，展示了我国交通运输的未来发展图景。

本书既展示交通科技成就，又普及交通知识。全书图文并茂，语言平实，读者可通过扫描二维码获取富媒体资源，提升阅读体验。本书可供交通运输行业干部职工、社会公众及广大青少年读者阅读学习。

中国科技之路 交通卷 交通先行

ZHONGGUO KEJI ZHI LU　JIAOTONGJUAN　JIAOTONGXIANXING

◆ 组　　编　中国编辑学会
本卷主编　严新平
责任编辑　陈　鹏　郭红蕊　齐黄柏盈　杨　明
责任校对　刘　芹　赵媛媛
责任印制　张　凯

◆ 人民交通出版社股份有限公司出版发行　北京市朝阳区安定门外外馆斜街3号
邮编 100011　网址 http://www.ccpcl.com.cn
北京盛通印刷股份有限公司

◆ 开本：720 × 960　1/16
印张：20.5　2021年6月第1版
字数：249千字　2021年6月北京第2次印刷

定价：100.00元

《中国科技之路》编委会

《中国科技之路》出版工作委员会

交通卷编委会

邹永超　张予心　张永军　张圣辉　张同戌　张志伟

张国良　张征宇　张建平　张建军　张俊勇　张　音

张彦所　张晓亮　张航挺　张晚笛　张智鹏　张　斌

张潇月　张慧彧　陆　薇　陈夏阳　陈徐梅　陈　辉

陈　鹏　陈鹏飞　陈　翼　武　卫　苗凌云　林　然

罗长军　竺　佳　周子麟　单　威　宜毛毛　孟　鑫

赵叶琼　赵　阳　赵南希　胡雪霏　胡琳琳　钟育鸣

祝　昭　贺登辉　袁学工　夏志向　徐　剑　高　原

高晓静　郭红蕊　郭青松　宾　帆　龚伯岩　谌　仪

董　凯　程晶晶　焦彦敏　曾　诚　谢欣昕　谢清霞

解鸣晓　燕　飞

做好科学普及，是科学家的责任和使命

中国科技事业在党的领导下，走出了一条中国特色科技创新之路。从革命时期高度重视知识分子工作，到新中国成立后吹响“向科学进军”的号角，到改革开放提出“科学技术是第一生产力”的论断；从进入新世纪深入实施知识创新工程、科教兴国战略、人才强国战略，不断完善国家创新体系、建设创新型国家，到党的十八大后提出创新是第一动力、全面实施创新驱动发展战略、建设世界科技强国，科技事业在党和人民事业中始终具有十分重要的战略地位、发挥了十分重要的战略作用。党的十九大以来，党中央全面分析国际科技创新竞争态势，深入研判国内外发展形势，针对我国科技事业面临的突出问题和挑战，坚持把科技创新摆在国家发展全局的核心位置，全面谋划科技创新工作。通过全社会共同努力，重大创新成果竞相涌现，一些前沿领域开始进入并跑、领跑阶段，科技实力正在从量的积累迈向质的飞跃，从点的突破迈向系统能力提升。

科技兴则民族兴，科技强则国家强。2016 年 5 月 30 日，习近平总书记在“科技三会”上指出：“科技创新、科学普及是实现创新发展的两翼，要把科学普及放在与科技创新同等重要的位置”，希望广大科技工作者以提高全民科学素质为己任，“在全社会推动形成讲科学、爱科学、学科学、用科学的良好氛围，使蕴藏在亿万人民中间的创新智慧充分释放、创新力量充分涌流”。站在“两个一百年”奋斗目标历史交汇点上，我国正处于加快实现科技自立自强、建设世界科技强国的伟大征程中。在新的发展阶段，做好科学普及、提升公民科学素质、厚植科学文化，既是建设世界科技强国的迫切需要，也是中国科学家义不容辞的社会责任和历史使命。

为此，中国编辑学会组织 15 家中央级科技出版单位共同策划，邀请各领域院士和专家联合创作了《中国科技之路》科普图书。这套书以习近平新时代中国特色社会主义思想为指导，以反映新中国科技发展成就为重点，以文、图、音频、视频相结合的直观呈现形式为载体，旨在激励全国人民为努力实现中华民族伟大复兴的中国梦而奋斗。《中国科技之路》于 2020 年列入中宣部主题出版重点出版物选题，分为总览卷、信息卷、交通卷、建筑卷、卫生卷、中医药卷、核工业卷、航天卷、航空卷、石油卷、海洋卷、水利卷、电力卷、农业卷、林草卷共 15 卷，相关领域的两院院士担任主编，内容兼具权威性和普及性。《中国科技之路》力图展示中国科技发展道路所蕴含的文化自信和创新自信，激励我国科技工作者和广大读者继承与发扬老一辈科学家胸怀祖国、服务人民的优秀品质，不负伟大时代，矢志自立自强，努力在建设科技强国实现复兴伟业的征程中作出更大贡献。

徐建国

中国科学院院士

《中国科技之路》编委会主任

2021 年 6 月

科技开辟崛起之路　出版见证历史辉煌

2021 年是中国共产党百年华诞。百年征程波澜壮阔，回首一路走来，惊涛骇浪中创造出伟大成就；百年未有之大变局，我们正处其中，踏上漫漫征途，书写世界奇迹。如今，站在“两个一百年”的历史交汇点上，“十三五”成就厚重，“十四五”开局起步，全面建设社会主义现代化国家新征程已经启航。面向建设科技强国的伟大目标，科技出版人将与科技工作者一起奋斗前行，我们感到无比荣幸。

2021 年 3 月，习近平总书记在《求是》杂志上发表文章《努力成为世界主要科学中心和创新高地》，他指出：“科学技术从来没有像今天这样深刻影响着国家前途命运，从来没有像今天这样深刻影响着人民生活福祉”“中国要强盛、要复兴，就一定要大力发展科学技术，努力成为世界主要科学中心和创新高地。我们比历史上任何时期都更接近中华民族伟大复兴的目标，我们比历史上任何时期都更需要建设世界科技强国！”在这样的历史背景下，科学文化、创新文化及其所形成的科普、科学氛围，对于提升国民的现代化素质，对于实施创新驱动发展战略，不仅十分重要，而且迫切需要。

中国编辑学会是精神食粮的生产者，先进文化的传播者，民族素质的培育者，社会文明的建设者。普及科学文化，努力形成创新氛围，让科学理论之弘扬与科学事业之发展同步，让科学文化和科学精神成为主流文化的核心内涵，推出高品位、高质量、可读性强、启发性深的科技出版物，这是一条举足轻重的发展路径，也是我们肩负的光荣使命，更是国际竞争对我们的强烈呼唤。秉持这样的初心，中国编辑学会在2019年7月召开项目论证会，确定以贯彻落实党和国家实施创新驱动发展战略、建设科技强国的重大决策为切入点，编辑出版一套为国家战略所必需、为国民所期待的精品力作，展现我国科技实力，营造浓厚科学文化氛围。随后，中国编辑学会组织了半年多的调研论证，经过数番讨论，几易方案，终于在2020年年初决定由中国编辑学会主持策划，由学会科技读物编辑专业委员会具体实施，组织人民邮电出版社、科学出版社、中国水利水电出版社等15家出版社共同打造《中国科技之路》，以此向中国共产党成立100周年献礼。2020年6月，《中国科技之路》入选中宣部2020年主题出版重点出版物。

《中国科技之路》以在中国共产党领导下，我国科技事业壮丽辉煌的发展历程、主要成就、关键节点和历史意义为主题，全面展示我国取得的重大科技成果，系统总结我国科技发展的历史经验，普及科技知识，传递科学精神，为未来的发展路径提供重要启示。《中国科技之路》服务党和国家工作大局，站在民族复兴的高度，选择与国计民生息息相关的方向，呈现我国各行业有代表性的高精尖科研成果，共计15卷，包括总览卷、信息卷、交通卷、建筑卷、卫生卷、中医药卷、核工业卷、航天卷、航空卷、石油卷、海洋卷、水利卷、电力卷、农业卷和林草卷。

今天中国的科技腾飞、国泰民安举世瞩目，那是从烈火中锻来、向薄冰上履过，其背后蕴藏的自力更生、不懈创新的故事更值得点赞。特别是在当今世界，实施创新驱动发展战略决定着中华民族前途命运，全党全社会都在不断加深认识科技创新的巨大作用，把创新驱动发展作为面向未来的一项重大战略。基于这样的认识，《中国科技之路》充分梳理挖掘历史资料，在内容结构上既反映科技领域的发展概况，又聚焦有重大影响力的技术亮点，既展示重大成果、科技之美，又讲述背后的奋斗故事、历史经验。从某种意义上来说，《中国科技之路》是一部奋斗故事集，它由诸多勇攀高峰的科研人员主笔书写，浸透着科技的力量，饱含着爱国的热情，其贯穿的科学精神将长存在历史的长河中。这就是“中国力量”的魂魄和标志！

《中国科技之路》的出版单位都是中央级科技类出版社，阵容强大；各卷均由中国科学院院士或者中国工程院院士担任主编，作者权威。我们专门邀请了著名科技出版专家、中国出版协会原副主席周谊同志以及相关领导和专家作为策划，进行总体设计，并实施全程指导。我们还成立了《中国科技之路》编委会和出版工作委员会，组织召开了20多次线上、线下的讨论会、论证会、审稿会。诸位专家、学者，以及15家出版社的总编辑（或社长）和他们带领的骨干编辑们，以极大的热情投入到图书的创作和出版工作中来。另外，《中国科技之路》的制作融文、图、音频、视频、动画等于一体，我们期望以现代技术手段，用创新的表现手法，最大限度地提升读者的阅读体验，并将之转化成深邃磅礴的科技力量。

2016 年 5 月，习近平总书记在哲学社会科学工作座谈会上发表讲话指出，自古以来，我国知识分子就有“为天地立心，为生民立命，为往圣继绝学，为万世开太平”的志向和传统。为世界确立文化价值，为人民提供幸福保障，传承文明创造的成果，开辟永久和平的社会愿景，这也是历史赋予我们出版工作者的光荣使命。科技出版是科学技术的同行者，也是其重要的组成部分。我们以初心发力，满含出版情怀，聚合 15 家出版社的力量，组建科技出版国家队，把科学家、技术专家凝聚在一起，真诚而深入地合作，精心打造了《中国科技之路》，旨在服务党和国家的创新发展战略，传播中国特色社会主义道路的有益经验，激发全党、全国人民科研创新热情，为实现中华民族伟大复兴的中国梦提供坚强有力的科技文化支撑。让我们以更基础更广泛更深厚的文化自信，在中国特色社会主义文化发展道路上阔步前进！

中国编辑学会会长

《中国科技之路》编委会主任

2021 年 6 月

本卷前言

交通运输是国民经济的基础性、先导性、战略性产业和重要的服务性行业。新中国成立以来，在中国共产党的领导下，行业上下同心同德、艰苦奋斗，推动交通运输面貌发生历史性变化，从“整体滞后”到“瓶颈制约”，从“初步缓解”，再到“基本适应”经济社会发展需求，为经济社会发展、人民群众安全便捷出行作出了重要贡献。

新中国成立初期，我国交通运输面貌总体上处于落后状态。全国公路通车里程 8.08 万公里，大部分是土路，民用汽车 5.1 万辆；内河航道处于自然状态；铁路总里程仅 2.18 万公里，一半处于瘫痪状态；民航只有 12 条国内航线；邮政服务网点较少；主要运输工具还是畜力车和木帆船等。经过 70 余年的持续奋斗，改革开放尤其是党的十八大以来，在习近平新时代中国特色社会主义思想指引下，中国交通发展取得历史性成就、发生历史性变革，进入基础设施发展、服务水平提高和转型发展的黄金时期，迈向高质量发展的新时代。

如今，我国“五纵七横”综合运输大通道已基本贯通，高速铁路、高速公路、城市轨道交通、港口万吨级泊位等数量规模均跃居世界第一，公路成网、铁路密布、高铁飞驰、巨轮远航、飞机翱翔，天堑变通途。中国路、中国桥、中国港、中国高铁、中国电商成为国家亮丽名片。交通基础设施网络基本形成，运输服务保障能力不断提升，科技创新能力显著增强，行业治理现代化水平大幅跃升，人民高品质出行需求得到更好满足，从根本上改变了基础薄弱、整体落后的面貌，取得了举世瞩目的发展成就。规模巨大、内畅外联的综合交通运输体系，服务支撑着世界第二大经济体的有序运转，走出了一条中国特色交通发展之路。

当今世界正面临百年未有之大变局，各国的前途命运从未像今天这样紧密相连，交通运输对于加强互联互通、促进民心相通日益重要。我国正奋力开启加快建设交通强国的新征程，相信中国交通将会在新时代为促进全球可持续发展、推动构建人类命运共同体贡献中国智慧、中国力量。

2020 年主题出版重点出版物《中国科技之路（交通卷）：交通先行》，正是基于这样的时代背景而诞生，旨在全景式展现新中国成立以来，特别是改革开放和党的十八大以来，党领导人民进行交通建设所取得的一系列辉煌成就，从而普及交通知识，讲好交通故事，传承交通精神。全书分为总体叙述、亮点详述和未来展望三大部分。总体叙述部分是对新中国成立以来，交通运输建设发展历程的综述和概览，展现我国从交通大国迈向交通强国的历史跨越。亮点详述部分则分别阐述公路、水路、铁路、民航、邮政、城市交通六个领域的重要建设成就、载运工具与装备革新、重大科技进步以及本行业的重要科技发展战略性突破，并围绕亮点进行多侧面叙述。展望部分着眼于在建设交通强国的这一重大战略决策和 5G、物联网、人工智能、大数据、云计算等高科技助力的时代背景下，我国交通运输的未来发展图景。本书采用二维码技术，扩充知识容量。读者可通过扫描二维码获取知识拓展链接，从而获得更好的阅读体验。

本书是中国编辑学会组织编写的《中国科技之路》分册之一，交通运输部政策研究室具体指导本分册的编写，参与初稿编写的单位有：交通运输部公路局、水运局、运输服务司，国家邮政局，交通运输部天津水运工程科学研究院，国家铁路局规划与标准研究院，中国民用航空局民航科学技术研究院，交通运输部公路科学研究院，中国公路建设行业协会。人民交通出版社股份有限公司陈鹏、郭红蕊、齐黄柏盈、杨明、张斌负责对初稿进行整理与改写，全书由武汉理工大学严新平院士审阅并统稿主编。由于时间仓促，不足之处在所难免，恳请读者批评指正。

本书编委会

2021 年 6 月

目录

第二篇

巡礼，交通运输日新月异

第三篇

奋进，交通强国筑梦未来

第一篇

见证，交通发展成就辉煌

一、交通先行：中国交通运输总览

立天下之正位，行天下之大道。交通运输是国民经济的先导性、基础性、战略性产业和重要的服务性产业，也是新科技应用最直接、最广泛、最深入的领域之一。

我国自古以来就是交通大国，近代虽然有所衰落，但仍在曲折中前行。新中国成立后，开始有计划地进行交通运输建设。尤其是改革开放以来，交通运输步入了快速发展阶段，基础设施建设水平世界领先，装备制造自主化能力快速进步，信息化智能化技术广泛应用，为经济社会发展、人民群众安全便捷出行作出了重要贡献。纵观我国 70 多年的交通发展史，我国交通运输总体上经历了从“整体滞后”到“瓶颈制约”“初步缓解”，再到“基本适应”经济社会发展需求的奋斗历程，交通运输行业沿着改革创新的道路砥砺前行，取得了一系列重大成就，与世界一流水平的差距快速缩小，部分领域已经实现超越，有力支撑了交通运输的跨越式发展，走过了不负人民重托的光辉历程，创造了无愧时代使命的辉煌业绩，一个走向现代化的综合交通运输体系正展现在世界面前。

新中国成立之初，全国公路通车里程 8.08 万公里，大部分是土路；内河航道处于自然状态；铁路总里程仅 2.18 万公里，一半处于瘫痪状态；民航只有 12 条国内航线。目前，我国“五纵七横”综合运输大通道已基本贯通，快速铁路网、高速公路网基本形成，城际铁路建设稳步推进，东、西、中、东北“四大板块”之间已实现高速铁路连接，区域发展渐趋协调。铁路、公路、水路、民航基础设施多项指标位居世界前列，交通基础设施网络基本形成。

截至2020年底，我国公路通车总里程已达519.81万公里，是新中国成立时的64.3倍，公路养护里程514.40万公里，占公路总里程99.0%，公路网的通达程度稳步提升。高速公路总里程为16.10万公里，已基本覆盖全国20万人口以上市县，居世界第一。农村公路里程已达438.23万公里，基本覆盖所有乡镇和建制村。干支衔接、布局合理、四通八达的公路网已初步形成。

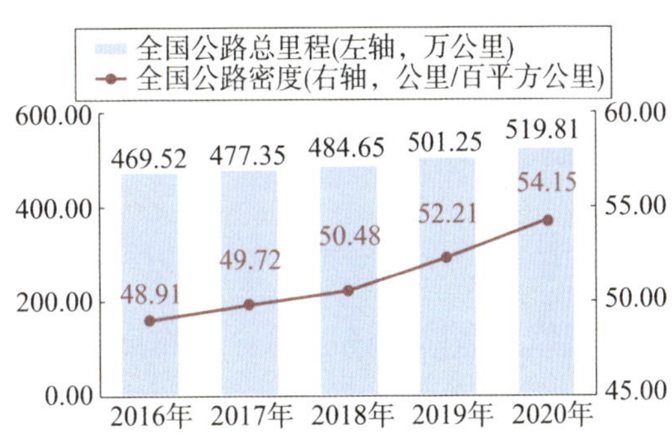

2016—2020年全国公路总里程及公路密度

水运基础设施网络布局日臻完善，全国内河通航航道总里程已达12.77万公里，约是新中国成立初期的1.7倍，居世界第一。其中，等级以上航道[①]6.73万公里，占总里程的52.7%，航道质量显著改善。全国拥有生产用码头泊位22142个，是1949年的143.7倍，万吨级及以上泊位2592个。全球前十大港口货物吞吐量排名中，中国占据其中八席。“两横一纵两网十八线”的内河航道，为沿河区域发展起到了重要的纽带作用。

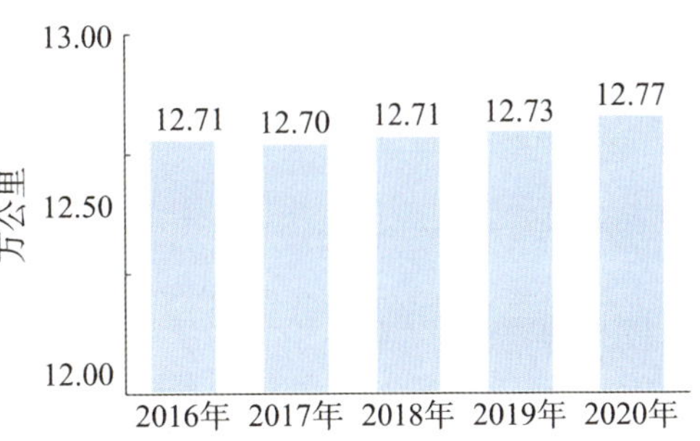

2016—2020年全国内河航道通航里程

截至2020年底，全国铁路营业总里程已达14.6万公里，比1949年增

① 我国《内河通航标准》（GB 50139—2014）规定，根据可通航内河船舶的吨级，从3000吨到50吨，由高到低分为七级航道，均可称为等级航道。等级以上航道为可通航50吨以上船舶的航道。

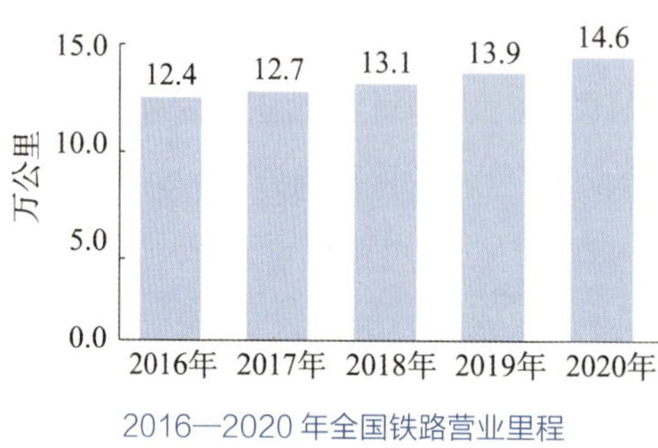

2016—2020 年全国铁路营业里程

长了 5 倍多，全国铁路路网密度已达到 152.3 公里 / 万平方公里。其中高铁营业里程达 3.8 万公里，居世界第一。高铁服务覆盖大部分省（区、市），中西部铁路网密度逐步扩大，“四纵四横”主骨架基本形成。

民航事业飞速发展，至 2020 年底境内颁证民用航空机场 241 个，已建成定期航班通航机场 240 个，布局合理、层次分明、安全高效的机场体系已初步形成。年旅客吞吐量达到 1000 万人次以上的通航机场 27 个，四通八达、干支结合、连通全球的航空运输网也已逐渐完善。

北京大兴国际机场

邮政体系基本建成，全国共有营业网点 34.9 万处、快递服务营业网点 22.4 万处，拥有邮政信筒信箱 10 万个、邮政报刊亭总数 1.1 万处。其中，农村拥有各类营业网点 11.1 万处、快递服务营业网点 7.1 万处。2019 年 8 月 10 日，新疆塔什库尔干县热斯喀木村实现通邮，标志着我国“乡乡有网点、村村通直邮”任务提前一年完成，55.6 万个建制村的村民不用出村，就能收到邮件。

油气管道骨干网络初具规模，全国油气长输管道总里程达到 16.5 万公里，初步形成了覆盖全国 31 个省（区、市）的原油、成品油和天然气三大主干网络和“西油东送、北油南运、西气东输、北气南下、海气登陆”的油气输送网络，互联互通程度明显加强。

交通运输装备不断提升。1949 年，我国载运工具主要是人力和畜力车及木帆船等，交通装备数量少、型号老、状况差，全国拥有民用汽车 5.1 万辆，民用运输轮驳船 4525 艘。新中国成立后，尤其是改革开放以来，我国交通装备制造取得巨大成就。截至 2020 年底，全国汽车保有量达 2.81 亿辆，拥有公路营运汽车 1171.54 万辆，载货汽车 1110.28 万辆；水上运输船舶 12.68 万艘；铁路机车 2.2 万台，动车组保有量 3918 组、31340 辆；运输飞机架数 3903 架；公共汽电车 70.44 万辆，城市轨道交通配属车辆 49424 辆，巡游出租汽车 139.4 万辆，城市客运轮渡船舶 194 艘。新型载运工具、新型特种装备数量稳步提升。汽车产销量连续九年稳居世界第一，轨道交通装备产业规模和产销量均居世界第一，船舶产业规模和产销量均居世界第一……这些成就的取得，标志着我国已成为交通装备制造大国。

尤其值得一提的是，“复兴号”动车组、C919 大型客机等一批国产交通工具和交通装备不断涌现，CR929 远程宽体客机启动设计，标注了“中国制造”的新高度；港珠澳大桥、北京大兴国际机场、京张高铁、上海洋山深水港四期等一批超级工程震撼世界；高原冻土、膨胀土、黄土、岩溶、沙漠等特殊地质的铁路、公路建设技术，克服了世界级难题；网约车、共享单车、互联网物流等新业态蓬勃发展，为中国经济发展增添了新动能。

“复兴号”动车组

港珠澳大桥

二、科技兴交：综合交通协调发展

纵览交通运输发展史，从“科教兴交”到“科技强交”，5G 通信、人工智能、大数据、云计算、物联网、移动互联网等高新技术在交通运输领域广泛应用，交通运输基础设施和装备领域智能化不断取得突破，交通运输科技创新呈现蓬勃发展的态势，整个交通运输体系更加智能、安全、绿色、高效、便捷，也为国民经济长期持续稳定发展奠定了重要基础。

（一）公路运输

公路基础设施建设

基础设施是交通运输的保障，不断完善的公路基础设施，是国家综合立体交通网的重要组成部分。新中国成立以来，我国公路基础设施建设持续推进，路网规模、技术等级、通达深度发生了翻天覆地的变化，为我国经济社会发展提供了有力的公路交通支撑和保障。改革开放后，尤其是党的十八大以来，交通运输系统以习近平新时代中国特色社会主义思想为指引，深入贯彻落实习近平总书记关于交通运输工作重要指示精神，推动公路基础设施建设取得了令世界瞩目的成就，开创了公路交通发展新局面。

普通国省干线公路

新中国成立初期，我国公路通车里程仅 8.08 万公里。改革开放后，我国公路交通步入快速发展的轨道，不仅通车里程延伸，而且路面技术等级和通达深度提高。1981 年，国家计划委员会、国家经济委员会和交通部印发的《国家干线公路网（试行方案）》，是我国第一个系统的国家级干线公路网规划。该规划的颁布，有效推动了干线公路网的形成。

随着国家高速公路建设拉开序幕，国道的功能发生了变化。普通国道作为国家公路的有机组成部分，承担国家公路通道沿线中短距离的运输，作为应急情况时高速公路的备选线路，补充没有高速公路的通道布局。在此基础上，交通运输部统筹考虑国道网和国家高速公路网布局，于 2013 年印发《国家公路网规划》。

截至 2020 年底，普通国道网规模已由 1981 年《国家干线公路网（试行方案）》颁布时的 10.92 万公里，达到 37.07 万公里。通达深度由连接各省（区、市）的政治中心和 50 万人口以上城市，扩大连接到县，有效支撑了县域经济发展。普通省道成倍增长，通达到乡镇、工业园区、重要旅游点等，更加有力地支撑了地方经济发展。

“最美国道”——张掖 227 国道

高速公路

1984 年 12 月，沪嘉高速公路正式开工。1988 年 10 月 30 日，沪嘉高速公路建成通车，全长 20.4 公里，结束了中国大陆没有高速公路的历史。

中国大陆第一条高速公路——沪嘉高速公路

1990 年 9 月，全长 375 公里的沈大高速公路全线建成通车，中国的公路建设进入了以高速公路为代表的历史新时代。

世界银行贷款建设京津塘高速公路签字仪式

1993 年，京津塘高速公路全线通车，这是我国利用世界银行贷款进行国际公开招标、遵照菲迪克（FIDIC）条款建成的第一条高速公路，是我国公路建设管理体制改革的关键节点。

2004 年 12 月，国务院审议通过《国家高速公路网规划》。2008 年，“五纵七横”国道主干线全面建成，“7918 网”① 成为此后我国公路建设的重点目标。2012 年，我国高速公路里程达 9.6 万公里，超越了美国，居世界第一。

① 我国的国家高速公路网规划，由 7 条首都放射线、9 条南北纵线和 18 条东西横线组成，于 2004 年经国务院审议通过，预计需 30 年时间完成，可覆盖 10 多亿人口，并将把我国人口超过 20 万的城市全部连接起来。

沿着高速看中国

中国的高速公路从零起步，到通车里程达 1 万公里，用了 12 年时间，从 1 万公里到 6 万公里，只用了短短 9 年时间。从没有一条高速公路到高速总里程位居世界第一，这样的“中国速度”让世界为之瞩目。我国高速公路建设事业的发展为建设交通强国奠定了基础。

农村公路

农村公路是我国公路网的重要组成部分，是覆盖范围最广、服务人口最多、提供服务最普遍、公益性最强的交通基础设施。新中国成立后，特别是改革开放以来，我国农村公路经历了由少到多、由普及到提高、由低级到较高级的发展过程，农村公路的路网密度、通达深度、技术等级不断提高，农村交通运输的服务能力和服务水平不断提升，为决战脱贫攻坚、决胜全面小康提供了坚强的交通运输保障。

党的十八大以来，习近平总书记站在党和国家事业发展全局的高度，先后三次对“四好农村路”作出重要指示，要求聚焦突出问题，完善政策机制，既要把农村公路建好，更要管好、护好、运营好，为广大农民致富奔小康、为加快推进农业农村现代化提供更好保障。交通运输部认真贯彻落实习近平总书记重要指示精神，进一步健全完善“四好农村路”高质量发展体系，着力推动“四好农村路”高质量发展。

“四好农村路”

截至 2020 年底，全国农村公路总里程达到 438.23 万公里，实现了具备条件的乡镇、建制村通硬化路，初步形成以县城为中心、乡镇为节点、建制村为网点，遍布农村、连接城乡的农村公路网络。

农村公路——浙江安吉梅灵路

道路交通载运工具与装备

汽车工业快速发展

新中国第一辆汽车试制成功

1956 年，解放牌汽车在长春第一汽车制造厂成功下线，标志着新中国汽车工业的开端。

1978 年，改革开放揭开了中国经济社会发展的新篇章，交通运输步入了快速发展阶段。1982 年 9 月，党的十二大把交通运输作为经济社会发展的战略重点之一，汽车工业也逐步走上了健康发展的快车道。1994 年，国务院印发《汽车工业产业政策》，随后几年涌现出大量的车辆生产企业，车辆产销量逐年增加，与国外汽车厂商合资合作不断加强，产品技术水平和质量也大幅度提升。2004 年，国家发展改革委颁布实施《汽车产业发展政策》，对促进汽车产业与关联产业、城市交通基础设施和环境保护协调发展，创造良好的汽车使用环境，起到了积极作用。

党的十八大以来，交通运输进入了加快现代综合交通运输体系建设的新阶段，汽车安全性和智能化水平日益提升，商用汽车质量不断提高，部分车型技术已达到世界先进水平。

新能源车辆大规模推广应用

中国新能源汽车产业始于 21 世纪初，汽车动力向燃料多元化、驱动电气化方向发展，在进一步降低传统燃油汽车动力平均燃油消耗和排放的同时，积极开展新能源的研发与推广应用。2001 年，在能源安全和节能降碳的需求下，新能源汽车研究项目被列入国家“十五”期间的“863”重大科技课题，形成了以纯电动、油电混合动力、燃料电池三条技术路线为“三纵”，以动力蓄电池、驱动电机、动力总成控制系统三种共性技术为“三横”的电动汽车研发格局。

比亚迪新能源汽车

我国自 2008 年北京奥运会开始，示范应用新能源汽车。党的十八大以来，交通载运工具电动化发展明显提速，交通运输行业新能源汽车数量从 2015 年底的约 15 万辆增长到 2019 年底的近 100 万辆，每年可减少碳排放约 5000 万吨。

公路运输管理与服务技术

道路运输动态监控管理技术

2009 年，交通运输部以上海世博会道路运输安全保障工作为契机，规划建设重点营运车辆动态信息公共交换平台工程，充分整合各省份及地方车辆动态信息监控资源，运用统一的信息交换标准，建设统一的全国重点营运车辆联网联控系统，实现全国范围内重点营运车辆动态信息跨区域、跨部门的信息交换、共享和联合监管。

2010 年 4 月，全国重点营运车辆联网联控系统建设基本完成，先后在上海世博会、广州亚运会、深圳大运会、西安世园会的道路运输安保工作中发挥了重要的服务和保障作用。同时，道路运输车辆卫星定位系统为转变道路运输安全管理方式带来了革命性的影响，有效提升了道路运输企业安全管理水平。

道路运输车辆卫星定位系统包括车载终端和监控平台两个部分。车载终端可以为驾驶员提供实时的时间、经纬度、速度和方向等定位状态信息，记录事故疑点、行驶状态、车辆行驶里程等信息，并具有自动报警功能。监控平台包括政府监管平台和企业监控平台，其中企业监控平台主要实现对接入平台车辆的安全运营状况的实时监控，具备报警及警情处理、车辆监控管理、历史轨迹回放、定时定位车辆查询、车辆视频监控等基本功能，以及偏离路线报警、线路关键点监控、区域报警、分路段限速监控、疲劳驾驶报警、驾驶员身份识别、营运线路查询、乘客超员监控等业务功能。

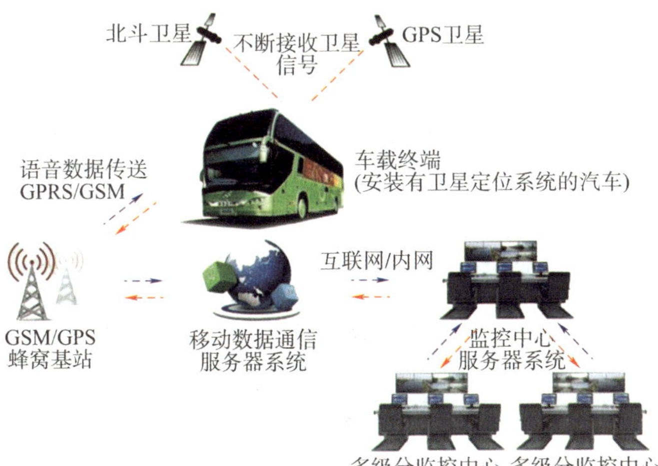

道路运输车辆
卫星定位系统

2016 年，中共中央、国务院印发《关于推进安全生产领域改革发展的意见》，明确要求完善长途客运车辆、旅游客车、危险物品运输车辆制造标准，提高安全性能，强制安装智能视频监控报警、防碰撞和整车整船安全运行监管技术装备，对已运行的要加快安全技术装备改造升级。2018 年，交通运输部发布《关于推广应用智能视频监控报警技术的通知》（交办运〔2018〕115 号），要求在道路客货运输领域推广应用智能视频监控报警技术，通过自动识别和实时提醒纠正驾驶员不安全驾驶行为，培养驾驶技能和安全意识“双过硬”的驾驶员。

道路运输车辆智能视频监控报警装置包括驾驶员驾驶行为监测、设备失效报警、车辆运行监测、驾驶员身份识别等功能。其中，驾驶员驾驶行为监测功能包括疲劳驾驶报警、接打手持电话报警、长时间不目视前方报警、驾驶员不在驾驶位置报警、抽烟报警、双手同时脱离转向盘报警等自动识别及报警功能。

车辆应用智能视频监控报警技术

点亮夜晚的反光材料

夜间的反光标志

夜间的反光标线

反光材料也称逆反射材料，依据逆反射原理，利用车灯的照射和光线的反射，来“点亮”前方，使驾驶员有充足的时间发现前方物体，采取相应的安全处置措施。目前，该材料已经广泛应用于交通标志标线、突起路标、轮廓标等道路交通安全设施，以及汽车号牌、衣物鞋帽等领域。

最初，我国乃至世界的交通标志都是不反光的，驾驶人员难以辨认清楚，尤其是光线阴暗的时候，无法及时做出判断，导致潜在的危险增加。从 20 世纪 30 年代开始，人们将新型逆反射材料应用到交通行业，随后对应用逆反射技术改善交通安全条件的研究持续开展。逆反射材料的应用，为交通安全提供了一份更加切实的保障。

道路交通安全智能化管控技术

智能交通系统是在较为完善的交通基础设施上，综合应用先进的信息、通信、自动控制、地理信息系统（GIS）、定位和系统集成等技术，构建的一个高效、便捷、安全、环保、舒适的综合交通运输体系，以提高交通运输系统的运行效率，减少交通事故，降低环境污染。

随着经济社会的发展，交通需求增长的速度大大高于路网通行能力增长的速度。20 世纪 90 年代以来，欧美日等发达国家逐渐转变思路，采用高新技术来改造现有道路运输系统及其管理体系，从而达到大幅度提高路网通行能力和服务质量以及提高交通安全水平的目的。我国交通运输领域的科学家和工程技术人员在 20 世纪 90 年代中期开始跟踪国际上智能交通系统的发展并开展我国智能交通系统的研究工作。如今，我国多数城市建立了公共交通调度指挥中心，智能交通调度指挥中心，高速公路紧急事件管理、交通信息和物流信息共用平台等智能交通系统，大大改善了人民群众的出行状况。随着《交通强国建设纲要》对智能交通管理系统建设的部署，我国智能交通系统必将进入世界更先进的行列。

智能交通技术

（二）铁路运输

铁路作为一种大运力、全天候、低能耗、污染小、占地少、安全可靠的大众化交通方式，是国家战略性、先导性、关键性重大基础设施，是国民经济大动脉、重大民生工程和综合交通运输体系骨干，在经济社会发展中的地位和作用至关重要。

1949 年，新中国的诞生为中国铁路发展开启了新纪元，铁路大规模抢修和新线建设拉开序幕。改革开放后，铁路发展进入快车道。党的十八大以来，在以习近平同志为核心的党中央领导下，中国铁路认真落实国家创新驱动发展战略，坚持走中国特色自主创新道路，铁路科技创新发生历史性、整体性、格局性的重大变化，成功构建具有完全自主知识产权的高速、普速、重载三大领域铁路技术标准体系，总体技术水平迈入世界先进行列，为高质量推进交通强国建设和实现中华民族伟大复兴的中国梦提供了强有力支撑。

铁路基础设施建设

从新中国成立到 1978 年，铁路运营里程由 2.1 万公里增长到 5.2 万公里，中国铁路网初步形成。改革开放后，铁路建设步伐加快，京九铁路、兰新铁路、大秦铁路等重大工程相继建成通车；2004 年，国务院批准颁布《中长期铁路网规划》，后为适应我国经济社会发展需要，又两次调整、修编；2006 年，攻克高寒缺氧、多年冻土、生态脆弱三大世界性难题的青藏铁路建成通车；1997 年至 2007 年，中国铁路实施了六次大提速，在技术与管理上为中国高铁建设做好了准备；2008 年，中国第一条设计时速为 350 公里的高速铁路——京津城际铁路正式通车；2011 年，世界上一次建成里程最长、技术标准最高的京沪高铁开通运营。

党的十八大以来，中国铁路固定资产投资规模持续保持高位。截至 2020 年底，全国铁路营业里程达 14.6 万公里，稳居世界第二位；建成世界上规模最大、现代化水平最高的高铁网，“八纵八横”高铁网络快速延展，高铁总里程达 3.8 万公里，占世界高铁总里程约 70%，稳居世界首位；完成 3 万吨重载组合列车试验，成为世界上仅有几个掌握 3 万吨铁路重载技术的国家之一。

京张高铁“复兴号”动车组驶出南口隧道

中国铁路工程基础建设领域科技创新成果丰硕。勘察技术实现“空天地”一体化，北斗卫星定位勘测、高分无人机测绘、地面三维激光扫描等新技术，为川藏铁路等复杂艰险山区铁路规划建设提供了可靠技术保障；工程建设技术创新取得新成就，建成世界最大跨度公铁两用斜拉桥——沪苏通长江大桥、世界首座高铁大跨度悬索桥——五峰山长江大桥，攻克高地温、高地应力、软岩大变形条件下长大隧道建造世界级难题，研发具有完全自主知识产权的CRTS Ⅲ型板式无砟轨道成套技术；智能建造技术应用成效显著，突破建筑信息模型（BIM）+ 地理信息系统（GIS）融合应用关键技术，推进路基智能填筑、轨道智能铺设、桥梁模块化制造及装配技术应用。中国铁路基础设施建造技术水平跨入世界先进行列。

铁路载运工具与装备

新中国成立之初，中国铁路仍处于蒸汽时代。20 世纪 50 年代末开始研制生产内燃机车，60 年代末开始研发制造电力机车。1988 年，最后一台蒸汽机车顺利下线，自此停止生产。1990 年，我国完成《京沪高速铁路线路方案构想报告》，开启了京沪高铁的预可行性研究。此后，研发制造了“先锋”“蓝剑”“中华之星”等国产高速列车。

2004 年，国务院确定了“引进先进技术，联合设计生产，打造中国品牌”的铁路装备现代化总体方针，此后形成了 CRH1、CRH2、CRH3、CRH5[1] 四个动车组产品系列和第一代技术平台。2008 年，铁道部与科技部签署了《中国高速列车自主创新联合行动计划》，标志着我国高铁装备进入自主创新阶段。通过引进消化吸收，联合攻关突破关键技术，成功研发时速 380 公里级别的第二代动车组 CRH380A、CRH380B、CRH380C 系列产品。铁路机车车辆、工程装备也实现了快速发展。

CRH 动车组图示

党的十八大以来，中国铁路系统落实科技部《高速列车科技发展“十二五”专项规划》和交通运输部《“十三五”交通领域科技创新专项规划》等发展规划，加快新一代信息技术与装备制造深度融合，铁路载运与装备工具创新取得了全方位、开创性的历史性成就。

2015 年 6 月，新一代自主研发的中国标准动车组下线。2017 年 6 月 25 日，拥有完全自主知识产权和代表世界先进水平的“复兴号”动车组投入运营。2019 年 12 月 30 日，京张高铁智能动车组在世界上首次实现时速 350 公里有人值守自动驾驶商业运营，北斗导航、5G 等先进技术得到成功应用。中国铁路动车组已形成涵盖 8 个速度等级、适应不同运营环境（高温、高寒、多雪、风沙、高海拔）、不同编组和牵引类型的系列化产品。2020

① CRH：China Railways High-speed，中国高速铁路，CRH 即是品牌标志。

年 6 月 21 日，时速 600 公里高速磁悬浮试验样车成功试跑。

CR400AF 	CR400BF 	CR300 	CR200J 

“复兴号”标准动车组图示

机车技术跻身世界先进水平，客运机车最高运行速度由 120 公里 / 小时提高至 160 公里 / 小时；货运重载机车轴重由 23/25 吨提高至 27/30 吨；干线货运机车最高运行速度由 100 公里 / 小时提高至 120 公里 / 小时；调车机车沿着更大功率、更加环保方向迭代升级。铁道车辆全面更新换代，客车配备向更高品质发展，货运车辆由载重 70 吨、时速 100 公里以下普遍提高至载重 70~100 吨、时速 120 公里，特种运输车辆适应多式联运、长大货物、汽车、冷链等多种运输需求。铁路主要技术装备已出口世界六大洲 100 多个国家和地区。

工程装备实现全面自主配套，标准梁桥运架一体化、特殊桥梁装备大型化、常见地质隧道装备全自动化系列化、特殊复杂地质隧道装备半自动化成套化。具有代表性的隧道掘进机产品远销 30 多个国家和地区，占国际市场份额的 2/3。

铁路运输管理与服务技术

中国铁路始终坚持全路一张网和运输集中统一指挥，在行车指挥和车站行车组织方面，由手工作业向智能化方向发展，广泛采用了列车调度指挥管理系统、调度集中控制系统。攻克多种速度列车共线运行、长距离跨线列车开行和大密度重载列车组织等技术难题，满足庞大复杂路网高效安全协同运输需求；研发高铁智能调度集中系统，实现行车运行计划的智能实时优化调整和命令的安全卡控；研发浩吉铁路智能综合调度系统，实现运输计划、行车组织计划一体化编制、动态监控和自动调整。铁路主数据中心建成并投入运用，铁路信息化向云计算和智能化迈出关键一步。

列车调度指挥系统（TDCS）图示

中国铁路始终践行“人民铁路为人民”的服务宗旨，优化客货运产品供给，提升客货运服务品质。客运方面：建成世界上规模最大的铁路互联网售票系统（12306），互联网售票比例超过 80%，春运期间旅客彻夜排队购票、一票难求的情况已成为历史；推进铁路网与互联网“双网融合”，推出刷脸核验、在线选座、扫码进站、站车 Wi-Fi、网上订餐、电子客票等创新服务举措。货运方面：建成铁路货运电子商务系统（95306），实现货运业务受理、货运提报、查询、支付、理赔等全程电子化，大大改善货主体验，2016 年以来网上办理货运业务比例超过 99%；研发大宗货物运输市场监测平台，深化多式联运、冷链运输等现代物流技术研究，铁路货运服务能力持续提升。

中国铁路切实坚持人民至上、生命至上，在抗洪抢险、抗震救灾、抗击雨雪冰冻灾害等危急时刻，千方百计保持铁路畅通，争分夺秒抢运救灾物资。2020 年，在抗击新冠肺炎疫情斗争中，中国铁路累计向湖北武汉等地区运送防疫物资 2.6 万批、99.2 万吨，输送援鄂医护人员 458 批、1.39 万人次，高效助力疫情防控攻坚战。

铁路安全技术

安全是铁路运输永恒的主题。中国铁路始终坚守政治红线和行业底线，突出高铁和旅客列车安全，不断加强人防、物防、技防“三位一体”安全保障体系建设，特别是安全监控检查监测技术水平的大幅跃升，为确保铁路安全发挥了重要作用。

在行车安全监控方面：20 世纪 80 年代初研发的“自动停车装置”、90 年代初研发的“列车运行监控记录装置”，对防止冒进信号和列车超速发挥了重要作用。进入高铁时代，特别是党的十八大以来，高铁列控系统技术迅速发展，中国高铁列控系统、高铁自动驾驶系统、城际铁路列控系统、中低速磁悬浮控制系统技术水平世界领先。

在移动设备检查监测方面：“复兴号”动车组部署了 2500 余项监测点，实现了对列车运行的全方位实时监测；动车组检测机器人能够自动精确巡航到指定部位，实现多角度、近距离立体扫描检查；5G 技术在铁路机车上实现世界首次应用，首创“5G+AI 智慧机务系统”，研发的超带宽、智能化安全信息传输方案，成功解决铁路机车车载数据转储难题。

在固定设备和运营环境检查检测方面：成功研制高速综合检测列车，研发自然灾害监测、异物侵限报警等系统，建成覆盖高铁全线的综合视频监控系统，实现对施工风险、自然灾害和治安风险的立体防控。研发应用高速铁路供电检测监测系统，对高速铁路牵引供电系统进行全方位、全覆盖的综合检测监测，确保供电安全。

（三）水路运输

水路运输是以船舶为主要运输工具，以港口或港站为运输基地，以海洋、河流和湖泊等水域为运输活动范围的一种运输方式，其技术经济特征是载重量大、成本低、投资省，但灵活性小，连续性也差，较适于担负大宗、低值、笨重和各种散装货物的中长距离运输，特别是海运，更适于承担各种外贸货物的进出口运输。

新中国成立以来，水运建设和水路运输事业经历了不平凡的发展历程，取得了令人瞩目的成就。2020 年，我国港口完成货物吞吐量 145.50 亿吨，货物吞吐量超过亿吨的港口 41 个，已连续多年位居世界港口吞吐量首位；拥有水上运输船舶 12.68 万艘，净载重量 27060.16 万吨，载客量 85.99 万客位，集装箱箱位 290.03 万标准箱；内河航道通航里程 12.77 万公里，等级航道里程 6.73 万公里，其中三级及以上航道里程 1.44 万公里，以“两横一纵两网十八线”内河高等级航道为重点的航道建设取得显著成效。

随着深水筑港、岛屿筑港、复杂河口深水航道治理、山区河流航道治理、航运枢纽建设和港口装备制造等一大批专项、成套技术和创新成果的成功应用，我国水运建设技术总体已达到国际先进水平，部分领域达国际领先水平。

这些建设成就和创新成果的取得，得益于党和政府的正确领导与改革开放政策的强力推动，得益于广大水运工程建设者的辛勤劳动，得益于科学发展与技术创新的不竭动力。

近十年来，沿海港口基础设施建设保持了较快步伐，新规划开发建设了青岛港董家口港区、连云港徐圩港区、烟台港西港区、宁波—舟山港区，继续推进了煤炭、铁矿石、原油、集装箱等大型专业化码头和深水航道建设，一批 30 万吨级原油码头和铁矿石码头、10 万吨级以上煤炭码头和集装箱码头、30 万吨级航道工程建成，主要专业化码头布局进一步完善，港口和航道条件适应了当今国际航运船舶大型化发展要求，沿海港口基础设施的大型化、专业化和现代化水平达到世界先进水平。

巨轮抵达
宁波—舟山港

长江干线南京以下 12.5 米深水航道、荆州河段航道等治理工程建成，三峡升船机等多座高水头升船机建成，西江航运干线、京杭运河、湘江等内河高等级航道上枢纽的复线或多线船闸建成通航，提升了航道通过能力。按照集约利用、连片开发的思路，实施了一批内河港口建设重点项目，以重庆果园港、武汉阳逻港等为代表，建成了一批规模化、集约化港区，内河港口结构明显优化。港口设施和服务能力明显提升，日益成为重要的综合运输枢纽、区域性物流中心和对外开放的重要依托。

我国超大型专业运输船舶建造取得进展，船舶大型化、专业化和标准化发展趋势明显，净载重吨上升。海洋运输将超低排放的高效船用柴油机、气体燃料和双燃料发动机、零排放技术作为未来的发展方向。

“猎鹰”轮航行在长江口北支航道上

中远海运集团
2.1 万标准箱超大型集装箱船
“宇宙”号

水运基础设施和载运工具的快速发展，深刻地改变了我国交通基础设施发展面貌，带动了区域经济的快速发展，沿海港口已经成为对外开放的重要窗口，内河高等级航道网把中国的东中西部地区紧密联系在一起，成为区域协调发展的重要纽带。布局合理、工艺先进和配套齐全的水运基础设施，保障了我国能源、原材料等大宗货物和集装箱的运输，有力支撑了对外贸易和国民经济的快速发展。随着一个个技术难题的相继攻克，一项项“超级工程”陆续问世，“中国港口”已经成为一张亮丽的国家名片，令世界为之惊叹。我国水运基础设施建设的成就，凝聚了一代又一代建设者的汗水与智慧，值得我们永远铭记。

（四）航空运输

民航是战略性产业，在国家开启全面建设社会主义现代化国家的新征程中发挥着基础性、先导性作用。建设民航强国，既是更好地服务国家发展战略、满足人民美好生活需要的客观要求，也是深化民航供给侧结构性改革、提升运行效率和服务品质、支撑交通强国建设的内在要求。

改革开放以来，经过几代民航人的艰苦奋斗、不懈努力，我国民航发展在安全水平、行业规模、服务能力、地位作用等方面取得了巨大成就，奠定了建设民航强国的坚实基础。特别是党的十八大以来，我国民航科技创新取得了长足发展，民航科技在民航高质量发展中的支撑与引领作用日益凸显。中国民航围绕民航强国战略，创新科技管理体制与机制，完善科技创新与成果应用体系，显著增强了民航科技创新能力，大幅提升了民航信息化水平，明显提高了民航科技资金投入效益和成果转化水平，积极开展了民航科技知识与文化的普及工作，充分发挥了科技在民航强国建设中的支撑与引领作用。

民航科技创新能力稳步提升

我国民航领域自主创新的科技成果不断涌现，一批具有自主知识产权的新技术取得重要突破，并在实际运行中得到充分应用，推动了民航行业的快速发展。具有自主知识产权的国产飞行校验平台研制成功，复杂机场高精度飞行校验技术及装备获得 2019 年度国家技术发明一等奖；完成了 ARJ21-700 飞机的适航审定工作，保障了 C919 国产大型客机的研制和首飞，国产民机搭载北斗导航系统试飞成功，形成了当前与我国民用航空工业发展需求相适应的适航审定能力；自主研发的高速行李自动分拣系统成功中标北京新机场项目；翻盘式行李高速自动分拣机、跑道特性材料拦阻系统获得中国专利优秀奖；空管雷达、空管自动化系统、ADS-B 地面站设备实现全面国产化；民航客机全球追踪监控系统全面覆盖我国国际和地区航班；具备了波音、空客等主流机型的大修能力；初步建成了民航电子商务、运行大数据信息网络，国产电子客票系统成功投产，促进了新一代旅客服务系统的建成；神华煤基喷气燃料适航审定取得实质进展，使用国产生物航油实现跨洋载客飞行；初步建立了民航航空人员健康风险评估体系，支撑保障能力稳步提升；广泛应用基于性能的导航（PBN）、RNP AR、GLS 等航行新技术，有效支撑了民航快速发展下的安全高效运行。

国产
C919 大型客机

民航信息化水平快速提升

基本完成六大信息化系统工程建设，完善了空管数据通信网和民航运输商务通信网两大专用骨干通信网络，网络基础设施初具规模；建成了民航局及七大地区管理局的电子政务门户网站，民航电子政务建设成效显著；民航旅客服务系统、货运系统、收入管理系统、结算系统不断扩容升级，航空企业信息化覆盖离港、飞行、到港、市场销售服务等业务流的各功能环节；民航电子商务迅速普及，电子客票促进了服务质量的提升；民航网络与信息安全系统为重要生产运行系统提供了有力保障。

进入新时代，我国经济发展由高速增长阶段向高质量发展阶段转换，新一轮科技革命和产业变革方兴未艾，大众对出行安全、便捷、品质等方面的关注不断增强，对成本、质量、效率和环境提出了更高要求。

经过几代中国民航人的接续奋斗，我国已具备从民航大国向民航强国跨越的发展基础，同时也面临基础保障能力不足、资源环境约束增大、发展不平衡不充分现象突出等问题。面对新时代的新形势和新要求，面对民航发展日益严峻的挑战和问题，我们需要以新时代民航强国建设为指引，推动民航实现高质量发展，为交通强国建设提供有力支撑。

（五）邮政运输

邮政快递业是国家重要的社会公用事业，是助力生产发展、推动流通方式转型、促进消费升级的现代化先导性产业。“十三五”以来，我国邮政快递业发展规模不断扩大，邮政快递业务量持续高速增长。2020 年，邮政寄递服务业务量累计完成 255.4 亿件，同比增长 3.3%；全国快递服务企业业务量累计完成 833.6 亿件，同比增长 31.2%，平均每个月处理 69 亿件包裹，每日处理量早已突破 2 亿件。

面对如此庞大的邮政快递处理量，邮政快递企业的运营压力不断增大。对邮政快递企业来说，业务量的剧增带来的是对土地和劳动力的需求暴增，但土地有限、劳动力成本持续上升，必须转变发展模式，这就必然要求加大科技投入，提高效率与客户体验，以获得市场竞争力。

邮政快递业蓬勃发展

当前，以大数据、云计算、人工智能、物联网、区块链、5G 通信和量子信息为代表的新一代信息技术取得新的突破并加快应用。融合机器人、数字化、新材料的先进制造技术正在加速推进制造业向智能化、服务化、绿色化转型。我国经济社会发展比过去任何时候都更加需要科学技术解决方案，更加需要增强创新第一动力。这些科技革命和产业变革为今后一个时期邮政快递业科技创新工作带来了难得的发展机遇，也对邮政快递业科技创新工作提出了更高要求。

“十三五”以来，邮政快递业高度重视科技创新工作，积极引导企业加大科技投入，大力推动行业科技进步。邮政快递业科技创新能力正在从“量的积累”向“质的飞跃”、从“点的突破”向“系统提升”转变，对促进邮政快递业持续健康发展起着重要作用。尤其是近年来，随着大数据、云计算、人工智能等先进技术与行业的融合发展，智能快件箱、自动导航装置（AGV）“小黄人”、配送无人机、交叉带自动分拣系统、电子面单、云仓等一批“黑科技”不断推广应用，邮政快递业科技创新和应用水平持续提升。科技创新对推进邮政强国建设、助力行业高质量发展、更好满足人民群众日益增长的用邮需求起着重要作用。

（六）城市交通

公共交通是现代城市发展的方向，是加强城市交通治理、提升城市居民生活品质的有效措施。大力加强城市轨道交通建设，城市轨道交通的骨干作用日益凸显。截至 2020 年，全国共有 43 个城市开通运营城市轨道交通线路 226 条，运营里程达 7354.7 公里，城市公交出行分担率稳步提高，舒适度不断提升。积极推动出租汽车行业拥抱互联网改革。城市慢行交通系统较快发展，70 余个城市发布共享单车管理实施细则，360 余个城市提供了共享单车服务。城市公共交通的发展为人们的出行提供了便利，满足了多样化出行需求。

城市轨道交通运营管理制度体系不断完善

20 世纪 60 年代，在党中央的关怀和直接领导下，举全国之力，自力更生、艰苦奋斗，克服了技术力量薄弱、专业人才缺乏、车辆设备短缺等重重困难，于 1969 年在北京建成了我国第一条地铁。

进入 20 世纪 90 年代，随着改革开放的深入，我国国民经济开始以较快速度发展，城镇化和城市机动化也开始进入快速发展时期。在城镇化和城市机动化的双重作用下，特大城市普遍开始陷入难以摆脱的交通困境。以北京地铁复八线、上海地铁 1 号线、广州地铁 1 号线的建设为标志，我国真正开始了以缓解城市交通为目的的城市轨道交通建设历程。

北京地铁复八线于 1988 年开工建设，1999 年全线通车，线路全长 13.5 公里。1990 年 1 月，上海地铁 1 号线正式开工建设，1993 年至 1997 年陆续分段建成通车，线路全长 21 公里。广州地铁 1 号线于 1993 年开工建设，1999 年 6 月开通运营，线路全长 18.5 公里。这一时期，新建完成的城市轨道交通项目包含以上 3 条线路，总长度 53 公里。截至 20 世纪末，我国开通运营城市轨道交通的城市包括北京、天津、上海和广州，开通线路 6 条，线路长度约为 100 公里。

21 世纪以来，随着我国现代化、城镇化、机动化进程加快，特别是 2008 年北京奥运会、2010 年上海世博会申办成功后，我国城市轨道交通进入了快速发展时期，取得了辉煌的发展成就。

运营规模世界第一。到 2020 年底，我国城市轨道交通运营里程 7354.7 公里，线网总里程约占全球总规模的 23%，运营规模居世界第一。预计到 2025 年，开通运营城市轨道交通的城市将达到 50 个，运营里程将达到 12000 公里，北京、上海将分别形成 1000 公里以上的庞大线网，继续领跑世界大都市。

城市轨道交通

运营安全总体可控。截至目前，我国城市轨道交通没有发生过重大及以上运营安全事故，运营安全形势总体稳定可控。此外，按照国际地铁协会（CoMET）综合评价，北京、广州、上海列车运行可靠度、客伤率、死亡率、列车正点率、发车间隔等关键运营指标均位居国际前列。

行业治理能力不断提升。在各级党委政府坚强领导下，在交通运输、发展改革、住建、公安等部委以及城市轨道交通建设、运营等单位共同努力下，城市轨道交通管理体制机制不断健全，法规制度建设不断完善。国家层面出台了《国务院办公厅关于保障城市轨道交通安全运行的意见》（国办发〔2018〕13号），行业层面颁布了《城市轨道交通运营管理规定》（交通运输部令2018年第8号），构建了城市轨道交通运营管理工作的顶层设计，围绕顶层设计陆续发布了风险分级管控和隐患排查治理、安全评估、行车组织、设施设备运行管理、应急演练、客运组织与服务、险性事件报告与分析、服务质量评价等制度，并制定发布了城市轨道交通运营管理领域10项国家标准、15项行业标准。

出租汽车行业改革不断深化

出租汽车是城市综合交通运输体系的组成部分，是城市公共交通的补充，为社会公众提供个性化运输服务。改革开放以来，我国出租汽车行业发展迅速，在方便人民群众出行、提升城市服务能力、解决社会就业、促进经济发展等方面发挥了积极作用。但也存在发展定位失准、供需失衡、经营权管理不规范、运价制定与调整不灵活、利益分配机制不完善、服务水平难以提升、行业稳定基础薄弱等问题。

近年来，随着移动互联网快速融入出租汽车行业，在提高出行效率、便捷群众出行的同时，也暴露出主体定位不明确、接入非营运车辆、乘客安全和合法权益缺乏保障、对传统出租汽车市场造成不公平竞争等问题，互联网新业态发展亟待规范。

党中央、国务院高度重视出租汽车行业改革发展稳定工作，2016 年 7 月印发《关于深化改革推进出租汽车行业健康发展的指导意见》和《网络预约出租汽车经营服务管理暂行办法》，提出了“新老业态错位服务、融合发展，构建多样化、差异性出行服务体系”总体改革思路。这是世界上首部在国家层面规范网络预约出租汽车发展的顶层设计和制度框架，为解决出租车管理难题和全球规范网约车治理提供了中国方案。

文件颁布之后，市场反映积极，互联网企业、传统出租企业、租赁公司以及部分车辆生产制造企业等各类主体踊跃申请，纷纷加速市场布局。截至 2020 年底，全国已经有 261 个地级及以上城市正式出台网约车实施细则，214 家网约车平台公司在部分城市获得经营许可，各地共发放驾驶员证 289 万本、车辆运输证 112 万本。网约车已日益成为群众出行的重要方式，初步构建形成了多样化、个性化的出租汽车服务体系。

解放交通警察的信号控制

20 世纪 70 年代，我国城市交通红绿灯还完全依靠人工控制。交警除了要上街挥棒指挥交通外，还要在岗亭里研判交通流量，手工操作红绿灯。1973 年，北京市政府向国务院呈报《首都交通自动化工程》立项，于当年 8 月 6 日获得批复。这就是北京市前三门（崇文门、前门、宣武门）交通控制试验项目，人称“7386”工程。

岗亭中指挥交通的警察

科研人员查阅了大量的外文文献，把信号分为红、黄、绿三个相位，当时提出的“绿信比”“相位差”等概念一直沿用至今。1975 年，我国首台城市平面交叉路口交通信号机研制成功，并在北京市北太平庄路口进行试验。如今，自动化控制的红绿灯安装在城市各个道口上，已经成为疏导交通最为常见和有效的手段。

城市公共汽电车持续快速发展

城市公共汽电车作为城市公共交通的主要组成部分，在城市居民出行体系中占有重要地位。改革开放以来，城市公共汽电车为了更好地满足居民出行需求，车辆数、运营线路条数和运营线路长度不断增加，服务覆盖广度和深度不断拓展，服务的多元化程度不断提高。

进入 21 世纪，全国机动车保有量呈现迅猛增长的态势，随之而来的城市道路拥堵加剧，使城市公共交通在城市居民出行中的重要作用越来越凸显。2012 年，国务院印发《关于城市优先发展公共交通的指导意见》（国发〔2012〕64 号），在国家层面进一步确立了城市公共交通优先发展战略，并提出了一系列优先发展公共交通的重大政策措施。2015 年，中央城市工作会议明确提出要优先发展城市公共交通。2016 年 3 月发布的《中华人民共和国国民经济和社会发展第十三个五年规划纲要》提出，实行公共交通优先，加快发展城市轨道交通、快速公交等大容量公共交通，鼓励绿色出行。一系列政策不断推动城市公共交通的快速发展，公共汽电车车辆数连年呈现迅速上升的趋势。

2017 年 3 月，《城市公共汽车和电车客运管理规定》（交通运输部令 2017 年第 5 号）正式出台。该规定解决了行业迫切需要的上位法规依据缺失的问题，同时也是适应新型城镇化发展和政府治理能力现代化新要求的重要依托，是落实国务院优先发展公共交通国家战略的重要举措。通过规范城市公共汽电车客运活动，保障运营安全，提高服务质量，促进城市公共汽电车客运事业健康有序发展，有效提高城市公共汽电车的服务能力和服务水平，提升城市公共交通相对于其他交通方式的吸引力，是解决“城市病”的重要手段之一。

同时，城市公共汽电车作为公共交通运输体系中的最重要一环，与国家安全、公共安全和人民生命财产安全都紧密相关，也是社会稳定的重要领域。城市公共汽电车每天为城市人民提供便捷、高效的城市出行服务，涉及的乘客数量大，承担的客运运输任务重，加上公共汽电车开放程度高、动态变化快、安全基础薄弱，极易成为安全事故的发生地。《城市公共汽车和电车客运管理规定》明确了城市公共汽电车的设施设备维护、安全运营管理和从业人员安全意识教育等相关内容，对保障公共安全和人民生命财产安全具有重要意义。

改革开放后，城市公共汽电车数量得到大幅度增长，从 1978 年的 2.58 万辆增加到 2020 年底的 70.44 万辆，运营线路长度也从 1978 年的 4.64 万公里增加到 2020 年底的 148.21 万公里。

行驶在城市中的公共汽电车

共享单车引领都市出行新业态

互联网租赁自行车（俗称“共享单车”），是在共享经济、“互联网 +”等的快速发展下，在交通运输行业产生的新产业、新业态，极大程度上解决了“最后一公里”的出行难题。根据官方定义，共享单车属于分时租赁营运非机动车，是城市绿色交通系统的组成部分，是方便公众短距离出行和公共交通接驳换乘的交通服务方式。根据测算，共享单车骑行每人每公里实现二氧化碳减排量为 50 克，按照目前每人次平均出行距离 1.8 公里计算，能实现二氧化碳年减排量约 40 万吨。

共享单车自 2016 年开始投入城市以来，因其使用灵活、停放方便的特点，受到广大用户的欢迎，但在较短的时间内迅速扩张，也出现了停放混乱、管理无序、安全事故频发、资金安全存在风险等问题，阻碍行业的良性发展。

城市道路边停放的共享单车

为了鼓励和规范共享单车发展，2017 年 8 月初，交通运输部等十部委联合印发《关于鼓励和规范互联网租赁自行车发展的指导意见》，明确了共享单车在城市综合交通运输体系中的定位，从实施鼓励发展政策、规范运营服务行为、保障用户资金和网络信息安全、营造良好发展环境四个方面，鼓励和规范共享单车发展，更好地满足人民群众的出行需求。随着国家和地方政策相继出台，共享单车也从由之前运营企业“跑马圈地”式竞争，进入了考验企业运维能力的下半场。到今天，共享单车已逐步成为人们生活中不可替代的中短途出行方式。

第二篇

巡礼，交通运输日新月异

一、公路成网：汽车飞驰通万里

（一）路网通达连接祖国大地

世界屋脊上的壮美公路——川藏、青藏公路

成都—拉萨公路，简称川藏公路，是中国最险峻的公路，沿线途经高山峡谷、激流险滩，地震、滑坡、泥石流、雪崩等灾害频发，被称为“地质灾害的博物馆”。

西宁—拉萨公路，简称青藏公路，沿线翻越昆仑山、可可西里山、唐古拉山和美丽的藏北草原，公路平均海拔 4500 米以上，是世界上海拔最高的公路。

蜿蜒山间的川藏公路“七十二拐”

1950年初，中国人民解放军进军西藏时，党中央和毛泽东主席即指示“一面进军，一面修路”。凭着高度的革命热情和坚强的战斗意志，11万人民解放军战士、工程技术人员和各族群众，翻越悬崖峭壁，征服高山大川，用铁锤、钢钎、铁锹开工建设康藏公路（今为川藏公路）。

在筑路过程中，修路战士们需要克服高原反应严重、气候严寒、地势险峻、地质灾害频发、修路工具落后、粮食补给不足等问题。为了川藏公路的修建，2000多名干部、战士和工人英勇捐躯，留下了“每前进一千米，就有一名战士倒下”的可歌可泣的故事，他们用实际行动诠释和践行了“一不怕苦、二不怕死”的革命英雄主义精神。

筑路军民用铁锤、钢钎、铁锹开山修路

与此同时，1954年5月11日，西藏运输总队政委慕生忠带领由19名干部、1200多名民工组成的筑路队伍，来到格尔木河畔荒原，开始了艰难的筑路进程。筑路大军分为六队，每人配备一把铁锹、一把十字镐，向雪域高原的“世界屋脊”进发。

1954年12月25日，跨越“世界屋脊”的“金桥”——康藏、青藏公路全线通车，通车典礼在拉萨、雅安、西宁举行。毛泽东主席特地为“两路”通车题词：“庆祝康藏、青藏两公路的通车，巩固各民族人民的团结，建设祖国！”

十余万军民在极其艰苦的条件下团结奋斗，创造了公路建设史上的奇迹，结束了西藏没有公路的历史。

1954年12月25日，康藏、青藏公路通车典礼举行

川藏、青藏公路是新中国成立后的第一批“超级工程”。“两路”通车前，要想从西藏拉萨到四川成都或青海西宁往返一次，需要靠人背马驮，冒风雪严寒，艰苦跋涉半年到一年时间，而公路只需数天，大大缩短了西藏与内地的交通时间。同时，“两路”也是重要的国防通道、内地进藏主要的运输通道、汉藏民族融合的发展通道。

在建设和养护公路的过程中，公路人形成和发扬了一不怕苦、二不怕死，顽强拼搏、甘当路石，军民一家、民族团结的“两路”精神。2014年8月6日，习近平总书记就川藏、青藏公路通车60周年作出重要批示，要求进一步弘扬“两路”精神，助推西藏发展。

“两路”建设留给后人的，不仅是两条重要的运输生命线，还有宝贵的精神财富。在生命禁区雪域高原，英雄们以血肉之躯和简易工具，创造了世界公路建设史上的奇迹，铸就了不朽的精神丰碑——“两路”精神。“两路”精神是在筑路实践中孕育而成的，在“两路”的改造与养护中传承发展，在新时代凝练升华。

中国高速公路建设的“样板”——京津塘高速公路

工程概况：北起北京市东南四环路，南至天津市塘沽区河北路，全长 142.69 公里

建设历程：1987 年 12 月 23 日开工建设，1993 年 9 月竣工，1995 年 8 月 4 日通过竣工验收

获得荣誉：改革开放以来“全国十大公路工程”称号、1996 年度中国建筑工程鲁班奖（国家优质工程）、1997 年度国家级科学技术进步奖一等奖、第一届中国土木工程詹天佑奖

京津塘高速公路是我国第一条经国务院批准，利用世界银行贷款建设的跨省、市的高速公路。按照国际标准设计，采用兼顾我国国情和国际惯例的工程管理模式施工，工程质量达到了当时我国公路建设的最高水平。

由于利用世界银行贷款，京津塘高速公路成为我国首条采用国际通行的菲迪克（FIDIC）条款进行国际招标建设的高速公路，实施了建设、施工和监理三方相互监督制衡的项目管理模式。菲迪克条款，指的是由国际咨询工程师联合会起草的一份在国际土木工程建设中贯彻的法律合同文本，与我国传统的工程管理模式相比，条文更为严谨，具有详细、具体、完整、科学的特点。正是在菲迪克条款的严格监督下，京津塘高速公路成为当时中国前所未有的高质量公路，具备了世界级水平，也给中国公路建设树立了样板，被誉为中国高速公路的“根”，标志着中国公路建设伴随着改革开放的大潮，已进入现代化的新时期。

京津塘高速公路

京津塘高速公路自建成通车以来，显著改善了京津地区的道路交通条件，天津到北京的车程从四五个小时缩短到约一个半小时，

为促进京津冀一体化提供了良好的契机和重要的交通条件。

从京津塘高速公路建设起，我国高速公路建设正式与世界接轨。截至2020年底，我国高速公路总里程已达16.10万公里，位居世界首位。

漫步在云端——雅西高速公路

工程概况：起自四川省雅安市雨城区对岩镇，止于四川省凉山彝族自治州冕宁县泸沽镇，全长240公里，亦称雅泸高速公路

建设历程：2007年3月19日开工建设，2012年4月28日全线通车，2020年8月28日通过竣工验收

获得荣誉：第十七届中国土木工程詹天佑奖

雅西高速公路

雅西高速公路由四川盆地边缘向横断山区爬升，一路穿云驾雾，翻山越岭，犹如长龙在崇山峻岭间盘旋，被誉为“天梯高速公路”。在这段长240公里的高速公路上，共建有桥梁279座（长91公里）、隧道25座（长39公里），全线桥隧比达54%。此外，公路跨越青衣江、大渡河、安宁河等水系和12条地震断裂带，被国内外专家学者公认为是“国内乃至全世界自然环境最恶劣、工程难度最大、科技含量最高的山区高速公路之一”。

这条高速公路，是连接四川省的雅安市和西昌市的高速公路，也是北京至昆明高速公路（G5）和八条西部大通道之一甘肃兰州至云南磨憨公路在四川境内的重要组成部分。

在这条“天梯高速公路”上，一段长51公里、海拔高差达1514米的高速路段，真切地印证了“天梯”这一美名。石棉县至菩萨岗段，位于四川盆地和青藏高原交接地带，工程连续爬坡路段最低点设计高程为931米，最高点设计高程为2445米，是迄今为止国内连续爬坡路段最长的高速公路，被

称为“中国最长的连续陡坡高速公路”。

雅西高速公路干海子大桥

为此，设计师们创造性地提出双螺旋隧道的结构形式，通过原地 360°盘旋，以提高海拔高度，降低高速公路路面坡度。从线路上看，这条路就像是在地上转了两个圈。

要在这段北临龙门山断裂带、南接安宁河断裂带，抗震设防烈度高达Ⅸ度的深山峡谷中建成这两个“圈”，难度极高。在选线上，经多次勘察确定了避开断裂带的隧道选线；在隧道设计上，经多轮方案比选与试验研究，最终确定了安全经济的隧道设计。

作为在深山峡谷中修建的高速公路，干海子大桥、腊八斤大桥等也均以其桥墩之高、受地震力影响小而闻名。汽车行驶在雅西高速公路上，如同在高空中飞驰，又像在云端漫步。

雅西高速公路的建成，使成都到西昌的行车时间由 9 小时缩减为 5 小时，彻底改变了横断山交通不便的历史，改善了沿线凉山州彝族群众聚居区的交通状况，为脱贫攻坚工作作出了积极贡献。

雅西高速公路腊八斤大桥

万里长江第一桥——武汉长江大桥

工程概况：西起楚琴立交桥，东至中山路；全长1670米，共8个桥墩，主桥长1156米，西岸引桥长303米，东岸引桥长211米；大桥共两层，上层为公路桥，下层为双线铁路桥

建设历程：1955年9月1日开工建设，1957年7月1日完成最后一根钢梁的安装与合龙工程，1957年10月15日通车运营

武汉长江大桥

武汉长江大桥位于长江水道之上，连接着武汉市汉阳区与武昌区，是新中国成立后在“天堑”长江上修建的第一座公铁两用大桥，也是武汉市重要的标志性建筑之一，素有“万里长江第一桥”的美誉。

武汉长江大桥是新中国成立后，由苏联援助兴建的156项工程之一，前后共经历了五次规划。

极端环境设计标准

为了确保大桥的质量与安全，设计师们以极端环境为标准进行设计。

试着想象如下场景：两列火车以最快速度，同向开到桥中央时紧急刹车；公路桥满载汽车，以最快速度行驶，也来个紧急刹车；长江刮起最大风暴、武汉发生地震、江中300吨冲击力撞到桥墩上。以上三种情况同时发生，武汉长江大桥仍然能够承受。如此严苛的设计要求，在世界桥梁建筑史上也属罕见。

“一桥飞架南北，天堑变通途。”武汉长江大桥建成之后，武汉三镇连为一体，南北交通发生了根本性的变化，武汉更是成为中国南北交通的枢纽，对促进南北经济的发展起到了重要作用。

武汉长江大桥的建成向世界宣告：中国人民有能力战胜一切困难，创造奇迹，实现梦想。作为中国第一个五年计划的主要成就，大桥图案也入选了1962年4月发行的第三套人民币，成为新中国国家建设的重要标志。2013年5月3日，武汉长江大桥成为第七批全国重点文物保护单位；2016年9月，入选“首批中国20世纪建筑遗产”名录。

自力更生的“争气桥”——南京长江大桥

工程概况：北起南京市浦口区桥北，南至南京市鼓楼区下关；大桥共两层，上层为公路桥（长 4589 米），下层为双轨复线铁路桥（全长 6772 米）；通航净空宽度为 120 米，桥下通航净空高度为设计最高通航水位以上 24 米，可通过 5000 吨级海轮

建设历程：1960 年开工建设，1968 年 9 月 30 日铁路桥先行通车，1968 年 12 月 29 日公路桥竣工通车

南京长江大桥位于南京市鼓楼区下关和浦口区桥北之间，是长江上第一座由中国自行设计和建造的双层式公铁两用桥，在中国桥梁史和世界桥梁史上都具有重要意义。它不仅是新中国技术成就与现代化的象征，更承载了几代中国人的特殊情感与记忆。

南京长江大桥

变不可能为可能

南京地处长江下游，该区域江宽水急，施工条件复杂。1927 年，美国桥梁专家华特尔来南京实地勘察后，留下一句话：在南京造桥，不可能。

然而就是在这个“不可能”的地方，新中国的第一代桥梁工人，用智慧和汗水建起了一座争气的大桥，将“不可能”变为了“可能”。

在水深多为 15 ~ 30 米、最深处达 70 米的长江南京段建设桥墩，是大桥建设的最大难题。为此，根据不同条件，桥墩采用了对应类型的沉井基础。

大桥开工不久，中国正面临三年困难时期，大桥工程经费被压缩到每年不超过 3000 万元，只够维持日常开销。后经铁道部与江苏省调研上报，周恩来总理批准大桥作为特例继续招工、购买设备，南京市人民政府则保证生活物资的供应，施工得以继续进行。

屋漏偏逢连夜雨。1960 年，国际政治环境风云变幻，从国外进口的部分钢材不合格，后来供应商甚至拒绝供货。1961 年，中国决定使用国产钢材建设南京长江大桥，走自力更生的道路。

1964 年 9 月，大桥工程遭遇了建设中的最大危机：在秋汛洪水的冲击下，两个关键性悬浮沉井的锚绳先后崩断，沉井在激流中大幅度摇摆，大桥面临着沉井倾覆、桥址报废的巨大风险。建桥工人在洪水中冒着生命危险，连续抢险近 2 个月，最终采用林荫岳的“平衡重止摆船”方案克服了沉井摆动，使大桥转危为安。

新中国成立之初，从北京到上海的火车要坐轮渡过长江，人车分渡，全程要花费 40 多个小时；南京长江大桥通车后，缩短到只需 24 小时。便捷的交通条件，使南京长江大桥迅速成为中国南北交通的重要命脉。

南京长江大桥是新中国第一座依靠自己的力量设计施工建造的、当时国内最大的公铁两用桥，标志着我国的桥梁建设技术已达到世界先进水平。它的建成开创了中国自力更生建设大型桥梁的新纪元，被看作“自力更生的典范”和“社会主义建设的伟大成就”，不愧为“自力更生第一桥”。

跨径首破千米的斜拉桥——苏通长江公路大桥

工程概况：连接江苏省南通市和苏州市；全长 8146 米，主跨为 1088 米双塔斜拉桥

建设历程：2003 年 6 月开工建设，2007 年 6 月完成当时世界第一大跨径斜拉桥中跨合龙，2008 年 6 月 30 日正式通车

苏通长江公路大桥，简称苏通大桥，连接江苏省南通市和苏州市，是当时中国建桥史上工程规模最大、综合建设条件最复杂的特大型桥梁工程。

苏通大桥

为了适应交通建设带动经济发展的需要，跨越江河海湾、连接岛屿及大陆的长大桥梁，在国内外陆续出现。而复杂恶劣的建设条件和较高的通航标准，对斜拉桥突破千米跨径提出了迫切需求。随着跨径突破千米，桥梁构件更高、更长、更柔，结构受力行为更为复杂。攻克直接关系桥梁总体设计、结构安全和功能的结构体系难题成为首要技术挑战，同时，千米级斜拉桥特殊设计

方法、施工控制等也是必须解决的关键技术问题。在这场角逐中，由中国自主设计、建造的苏通大桥，率先突破斜拉桥千米跨径的难关，主跨长达1088米，成为世界首座跨径超过千米的斜拉桥，达到了当时中国乃至世界建桥技术的高峰。

苏通大桥在建设过程中，面临着气象条件差、航运密度高、水文情况复杂等难题。长江江面宽达6公里，主桥墩所在水域深度超过30米，大桥所在水域流速常年在2米/秒以上，六级以上大风天气超过半年，雨天则超过4个月……在这样的环境下建设桥梁，难度巨大！此外，桥梁施工期间，每天还会有超过2000艘的船只通行，更是增大了安全施工的难度。

延伸阅读

“豆腐上插筷子”

苏通大桥位于江之尾、海之头。桥位处水流湍急，土质松软，河床上遍布的粉细砂爱“跑路”，影响拉住钢索的桥塔“下盘”稳定。要把主桥塔墩131根长度约120米、直径2.5～2.8米的群桩扎在水下，就像是在“豆腐上插筷子”。

为了解决这一问题，建设者扔下58万立方米的袋装砂石，给河床披上了一层厚厚的防冲刷“铠甲”。基础施工时正逢长江大汛，建设者搭建施工平台，试着打下12根每根质量达14吨的钢管桩，不料一夜之间就被江水冲毁。

通常情况下，只能过2个月再继续施工。但苏通大桥的建设者们独辟蹊径，直接采用钻孔桩钢护筒支撑，不但工程质量过硬，还节约资金近2000万元。不久，半个足球场大的平台出现在浩瀚的长江上，建设者将131根Ⅰ类桩打入长江，造就了世界上规模最大、入土最深的群桩基础。

苏通大桥的建成，使南通到上海的出行时间由2.18小时缩短到1.38小时，促进了长江三角洲地区的一体化发展和沿海开发国家战略的实施，推动了大桥两岸地区产业结构的升级和经济发展。

主跨1088米的斜拉桥方案，相比之前普遍采用的悬索桥方案，不但直接节约了工程投资约2亿美元，还避免了巨大水中锚碇对长江河势与水域生态系统可能造成的破坏，保证了长江航运安全及长江口水体的绿色环保，经济效益和生态效益显著。

跨海特大跨径钢箱梁悬索桥的实践先锋——西堠门大桥

工程概况：全长2.588公里，主桥索塔采用钢筋混凝土门式框架结构，塔高211.486米

建设历程：2005年5月20日开工建设；2009年12月25日通车运营；2014年11月13日通过竣工验收

获得荣誉：国际咨询工程师联合会菲迪克2015年度“杰出工程项目奖”、“古斯塔夫·林德恩斯奖”、2014—2015年度中国建设工程鲁班奖（国家优质工程）、第十三届中国土木工程詹天佑奖等

西堠门大桥是舟山大陆连岛工程的5座跨海大桥之一，也是其中技术水平最高的特大型跨海大桥。作为世界首座分体式钢箱梁悬索桥和同期最大跨径的钢箱梁悬索桥，孔跨组合为578米+1650米+485米，主跨长度在悬索桥中居国内第一、世界第二。

大桥以从文化中引申提炼出的代表色“佛光黄”为主色调，显得庄严、吉祥，线条明快而醒目，十分鲜明地表现出舟山群岛“海天佛国”这一地域特色。

西堠门大桥位于受台风影响频繁的海域，水文、地质、气候条件复杂，且我国之前尚无在台风区宽阔海面建造特大跨径钢箱梁悬索桥的实践先例。采取有效措施提高结构抗风性能，保证抗风稳定性，是大桥设计的最大难点。

为此，设计采用中央拉开的分体钢箱梁断面，攻克了结构抗风稳定性难题，并结合大桥具体实际，对钢箱梁结构制造精度和焊接工艺技术进行全面研究。

西堠门大桥

此外，在海洋环境中，大桥的钢箱梁容易遭受盐雾的腐蚀。西堠门大桥应用了新型电弧涂层纳米改性环氧封闭漆，将纳米技术与封闭涂料相结合，妥善解决了上述难题。

西堠门大桥的建成通车，将舟山交通纳入长江三角洲的高速公路网络，有利于舟山港口资源的开发，有力推动了宁波—舟山港口一体化进程，在环杭州湾地区、长三角地区经济发展中发挥着重要作用。

西堠门大桥是我国特大跨径桥梁建设的标志性工程，它的建成推动了我国特大跨径悬索桥建设技术的发展，为今后在复杂海域环境建设更大跨径的桥梁提供了有益的借鉴和参考，更标志着中国桥梁建设达到世界先进水平。

“新世界七大奇迹”之一——港珠澳大桥

全长55公里，主体工程采用桥岛隧结合方案

采用隧道方案穿越伶仃西航道和铜鼓航道段约6.7公里，其余路段约22.9公里采用桥梁方案，设有寓意三地同心的“中国结”青州桥、人与自然和谐相处的“海豚塔”江海桥和扬帆起航的“风帆塔”九洲桥3座通航斜拉桥；为实现桥隧转换和设置通风井，主体工程隧道两端各设置一个海中人工岛（蓝海豚岛和白海豚岛）

桥见未来——港珠澳大桥建成

一桥连三地，港珠澳大桥跨越伶仃洋，东接香港特别行政区，西接广东省珠海市和澳门特别行政区，是“一国两制”下粤、港、澳三地首次合作共建的超大型跨海交通工程。港珠澳大桥的建成通车，是中国从桥梁大国走向桥梁强国的里程碑之作，代表了中国桥梁的先进水平，体现了国家综合实力。

港珠澳大桥从发起倡议到建成通车经历了35年，从前期论证到建成历经15年，从开工建设到建成通车也耗费了近9年时间。

早在1983年，香港实业家胡应湘在往来香港和广州时，提出在珠海和香港之间修建一座跨海大桥的设想。但由于时代原因，未能落实，这一耽搁就过去了20年。

2003年8月，国务院正式批准开展港珠澳大桥前期工作，并同意粤、港、澳三地成立“港珠澳大桥前期工作协调小组”。2009年12月15日，港珠澳大桥正式开工建设。

2018年10月23日，港珠澳大桥开通仪式在广东珠海举行，国家主席习近平出席仪式并宣布大桥正式开通。他在会见大桥管理和施工等方面的代表时强调，港珠澳大桥的建设创下多项世界之最，非常了不起，体现了一个国家逢山开路、遇水架桥的奋斗精神，体现了我国综合国力、自主

创新能力，体现了勇创世界一流的民族志气。这是一座圆梦桥、同心桥、自信桥、复兴桥。

港珠澳大桥

港珠澳大桥是迄今为止世界最长的跨海大桥，是世界总体跨度最长、钢结构桥体最长、海底沉管隧道最长的跨海大桥，也是世界首条深埋沉管隧道，其深埋海床下 20 多米，被誉为交通工程界的“珠穆朗玛峰”。由于工程的多项史无前例，更被英国《卫报》评为“新世界七大奇迹”之一。

港珠澳大桥地处外海，气象水文条件复杂，建设管理难度大。伶仃洋地处珠江口，平日的涌浪暗流和每年的南海台风，都极大影响了高难度和高精度要求的桥隧施工；海底软基深厚，工程所处海床面的淤泥质土、粉质黏土深厚，下卧基岩面起伏变化大，基岩埋深基本处于 50~110 米范围；伶仃洋航道每天有 4000 多艘船舶穿梭，毗邻周边机场，对通航大桥的规模和施工建设带来很大限制，部分区域无法修建大桥，只能改用海底隧道；港珠澳大桥穿越自然生态保护区，可能会对中华白海豚等世界濒危海洋哺乳动物造成威胁，因此在施工期间，如何做到海洋环境“零污染”和中华白海豚“零伤亡”，也是需要考虑的问题。

岛隧工艺大揭秘

在岛隧工程中，人工岛建设采用了深插式钢圆筒围护快速成岛工艺，加快了施工进度。东西人工岛共120个钢圆筒的振沉施工，207天即告完成。

在世界首条深埋沉管隧道的建设中，自主设计使用“半刚性”沉管隧道结构体系，减少了大量海上作业时间，同时降低了海上作业风险和工程成本。“半刚性”结构，即通过不剪断原先节段式管节临时预应力的钢索，确保节段接头断面的摩擦力，用摩擦力与剪力键一同抵抗剪力；同时维持节段之间的相对转动能力，让管节结构的健壮性得到提高。通俗来说，就好比把拼成长条的数个小块积木用橡皮筋连接起来，在不失柔性的同时，增加它的健壮性。在海床下20多米处埋设沉管，在全世界都是首次。

大桥沉管隧道段一共使用33个巨型沉管，每个标准管节质量约为8万吨，犹如一艘航空母舰，且浮运线路位于伶仃洋最繁忙的通航水域，每天有超过4000艘船舶经过，操控难度极大，给沉管浮运安装提出了巨大的挑战。每次进行浮运安装工作，都需要精确预测气象、水文条件施工窗口，并实施海上临时交通管制和护航，采用8艘大功率全回转拖轮协同作业，配置深水无人沉放系统的国内首条安装船，通过信息技术和遥控技术，实现管节姿态调整、轴线控制和精确对接。

港珠澳大桥沉管隧道最终接头安装动画

港珠澳大桥巨型沉管

2017 年 5 月 2 日，港珠澳大桥沉管隧道最终接头完成安装，这一过程也是历尽艰辛。在 E29 和 E30 两节沉管之间放入 12 米长、6000 吨重的最终接头，在水下实现精准对接——且接头两侧距已安沉管只有 10 多厘米——无异于海底穿针。

港珠澳大桥依据粤港澳三地技术标准体系，遵循“就高不就低”的原则，开发形成了成套的专用技术标准，不仅较好地支撑了工程建设，填补了我国海洋环境下交通建设技术标准的空白，而且为中国桥梁“出海”与“一带一路”基础设施建设奠定了一定的技术基础。

港珠澳大桥建成通车后，香港至珠海的公路交通由 3 个小时缩短至半小时。作为连接粤港澳三地的跨境大通道，港珠澳大桥将在粤港澳大湾区建设中发挥重要作用。

只有在新时代，才能建成世界一流的超级工程。港珠澳大桥这座世纪之桥，正是改革开放 40 年来国家繁荣发展的集中缩影。

世界第一拱——广西平南三桥

工程概况：位于荔浦至玉林高速公路平南北互通连接线上，跨越浔江；全长 1035 米，主跨 575 米，桥面宽 36.5 米

建设历程：2018 年 6 月开工建设，2020 年 12 月 28 日建成通车

1400 多年前，隋朝桥梁匠师李春设计建造了赵州桥，这是迄今为止世界上现存最古老、跨度最大、保存最完整的单孔坦弧敞肩石拱桥。

2020 年 12 月 28 日，平南三桥建成通车，其以 575 米长的主跨成为世界上已经建成通车的最大跨径的拱桥，是拱桥发展史上的一个里程碑。

基础稳固，桥才稳固。在拱桥施工中，创新应用无冷水管大体积混凝土施工技术。平南三桥北岸拱座基础底板直径 54.6 米、厚 6 米，需要一次性连

续浇筑 14042 立方米混凝土。通过技术研究，有效控制了大体积混凝土开裂的风险，桥梁拱座基础稳固，保证了大桥的安全稳定。

平南三桥

在建设中首创应用北斗卫星定位系统、智能张拉等技术，实现塔顶纵向位移智能调载纠偏，将 200 米高的塔架偏位精确控制在 20 毫米以内。

平南三桥拱肋安装动画

在拱肋安装中，应用机器人对塔架偏位以及拱肋吊装时的拱肋线形进行测量，实现了 24 小时实时自动测量、数据自动采集及自动分析。通过技术、理论与人工的结合，平南三桥全桥 44 节段拱肋、总质量达 9000 吨的主拱肋钢结构实现毫米级高精度合龙，合龙精度控制在 3 毫米以内。

平南三桥的建成通车，不仅对改善浔江南北两岸交通状况、促进平南县经济社会发展起到重要作用，更开创了在不良地质条件下修建大跨径钢管混凝土拱桥的先例，为进一步探讨跨径 700 米级钢管混凝土拱桥的设计建造技术积累了经验，大幅提升大跨径拱桥的建造适用范围，引领拱桥发展新趋势。

这座横跨浔江、主跨 575 米的平南三桥，用时不到 3 年即建成通车，是实现由“中国制造”到“中国创造”的伟大见证。它的建成，虽是钢管混凝土拱桥在跨径上迈出的一小步，却是中国桥梁建设跨越的一大步，更意味着世界拱桥史上一座超级工程的横空出世。

贯通中国南北分界线——秦岭终南山公路隧道

工程概况：连接陕西省西安市与商洛市，穿越秦岭；隧道（双洞等长）全长 18.02 公里

建设历程：2001 年 1 月 8 日，工程开工建设；2002 年 3 月，隧道开工建设；2004 年 12 月 3 日，隧道全隧贯通；2007 年 1 月 20 日，正式通车交付使用

秦岭横亘东西，绵延 1600 余公里，主脊海拔超过 2500 米，山势险峻，气候异常，自古以来就是阻隔南北交通的天然屏障，也是我国南北方的分界线。“中华南北分水岭，秦岭一洞两重天”。秦岭终南山公路隧道的建成，填补了我国公路长大隧道建设的空白，贯通我国南北分界线。

天下第一隧——秦岭终南山公路隧道

秦岭终南山公路隧道是陕西省内一条连接西安市与商洛市的穿山通道，是“十五”期间的标志性工程之一。隧道全长 18.02 公里，穿越秦岭山区，是世界第二长的公路隧道（仅次于 24.51 公里的挪威莱尔多公路隧道），双洞四车道建设规模居世界第一，更为中国公路隧道之最，有“天下第一隧”的美誉。

秦岭终南山公路隧道于海拔 1580 米左右穿越秦岭主脊，隧道埋深较大，自然条件恶劣。建设过程中，建设者不断克服断层、涌水、岩爆等施工中的难题和通风、防火、监控等运营中的重大技术课题，使我国公路隧道建设技术达到了一个新的水平。秦岭终南山公路隧道成为我国高速公路隧道建设的示范工程和标志性工程。

通风方面，秦岭终南山公路隧道攻克了隧道复杂通风系统系列关键技术难题，形成独具特色的节能、高效的超大直径三竖井分段纵向通风成套技术。

人文关怀方面，隧道模拟洞外自然景观，首次使用了特殊灯光带，以缓解驾驶员在隧道行车过程中的压抑感，是当时世界上高速公路隧道中最先进的特殊灯光带。

秦岭终南山公路隧道建成通车后，15 分钟就可穿越秦岭。它的建成，有效贯彻了国家西部大开发战略，沟通了黄河与长江两大经济圈，促进了陕西省内关中、陕南两个经济区的经济运转，也对商洛、安康两市山区人民的脱贫致富起到了积极作用，是我国公路隧道建设史上一座重要的里程碑。

秦岭终南山公路隧道的建设，也为我国长大公路隧道建设积累了宝贵的经验，留下了丰富的资料，提供了坚实的科学支撑，其相关技术成果，更是先后应用于国内多座公路隧道建设中。

“高原孤岛”的终结者——嘎隆拉隧道

墨脱公路全线控制性关键工程

建设历程：2008 年 12 月隧道开工建设，2010 年 12 月隧道贯通

墨脱，藏语意为“隐秘的莲花”，位于西藏自治区东南部、雅鲁藏布江深处，西北东三面被喜马拉雅山和岗日嘎布山环绕，南与印度接壤。

行驶在墨脱公路

昔日，进出墨脱，最为重要的一条通道以西藏波密县扎木镇为起点，需翻越平均海拔 4700 米的嘎隆拉雪山。翻越嘎隆拉山的道路是一条骡马道路，由于常年降雨降雪影响，道路受坍塌、泥石流等自然灾害影响巨大，加上高寒缺氧和复杂的地理环境，每一次翻越都是生与死的考验。这样危险的一条道路，因受冰雪封山的影响，每年仅能通行 3 个月左右时间，因此墨脱也被称为“高原孤岛”。

为结束中国最后一个县不通公路的历史，实现墨脱人民能拥有一条全年基本可通行公路的梦想，在前期充分论证和勘察设计的基础上，党和政府决定修建隧道贯通嘎隆拉山，解决影响墨脱公路通行的关键路段。

嘎隆拉隧道为墨脱公路全线控制性关键工程，呈南北走向，穿越喜马拉雅地震带，全长 3310 米，穿越区地震、塌方、泥石流、雪崩频发，是迄今为止国内穿越断层最多、地应力最强、涌水量最大的高原隧道，被喻为“世界地质病害博

物馆”，创造了高海拔寒区隧道“地形起伏最大、纵坡坡降最大、降雨量最大、地震烈度最高、地质灾害最多、地质条件最复杂”六项世界之最。

墨脱公路

延伸阅读

隧道建设困难重重

嘎隆拉隧道建设

工程建设期间，建设者们在面临大断层、强涌水、强岩爆、高纵坡等工程建设考验的同时，还得经受高寒缺氧、机械效率严重折损、后勤物资保障供给极为困难的现实挑战。

高原测量是一项长期艰巨的任务。测量工程师需要背负50余斤重的测量设备，每天在嘎隆拉山徒步穿行几十公里，克服高寒、高温差等不利条件，探索出一整套高寒风雪条件下的测量规律，做到上万个数据参数无一差错，为隧道贯通的“零偏差”作出了重要贡献。

隧道刚开始动工建设，复杂的地质条件就给建设者们出了一大难题。为确保能在长达8个月的冰封期内按计划进行隧道施工，必须在寒冬来临之前，将洞口建设成型，并掘进一定的深度，但洞口段超过660米长的冰川泥石流堆积体就像一颗“虎牙”，让人望而生畏。工程师们紧急调来专业仪器，对洞口段岩层山体进行超声波地质预报，并根据探测情况调整施工方案，采用小管棚代替大管棚的作业方法，按期完成洞口结构物和掘进施工任务。

高纵坡、强涌水更是给抽排水制造了史无前例的障碍。在裂隙高度发育的嘎隆拉山，强涌水犹如人的血脉一样，形成网状串通移动，这边堵了，那边又急剧涌突，常规“打导管、预注浆”的堵水方案无法奏效。经过反复论证，在确保安全的情况下，建设者们改用“先通过、后注浆，强行推进、以排为主”的方案，并始终保持24小时不间断抽排常规态势，有效缓解了堵排水问题。

对于最大埋深达830米的隧道，高地应力时刻威胁着参建者的生命安全，面对随时可能发生的岩爆，建设者们通过均匀喷水、打锚杆、刻缝分割岩层表面等方法释放地应力，有效降低了高地应力集中释放带来的威胁。

嘎隆拉隧道的顺利贯通，意味着墨脱公路建设卡脖子难题被顺利攻克。由此，承载了几代筑路人修通墨脱公路的理想抱负、墨脱人民世代期盼的公路梦想终于实现，我国最后一个县域公路盲点在共和国交通版图上永远消失，基本实现了全年通车的常态，“高原孤岛”从此不再因为雪山阻隔而与世隔绝，人们进出墨脱也不用再翻山越岭、面临生死考验，同时为我国国防建设、维护领土完整和国家安全起到了积极作用。

（二）技术进步彰显中国力量

低碳节能，智能网联——运输装备高速发展

1956年7月13日，随着12辆国产解放牌汽车开下长春第一汽车制造

厂总装线，新中国汽车工业从无到有，迈出了艰难的第一步。到 1978 年底，全国民用车辆拥有量 135.84 万辆，其中载货汽车 100.17 万辆、载客汽车 25.90 万辆。

货物运输装备多样化发展

1978 年，改革开放揭开了中国经济社会发展的新篇章，交通运输步入了快速发展阶段。1982 年 9 月，党的十二大把交通运输作为经济社会发展的战略重点之一，商用汽车也逐步走上了健康发展的快车道。

1985 年，国家经济委员会开始在全国实行汽车挂车生产许可证发放工作。汽车产品结构由单一的中吨位载货车转变为以中型货车为主，重、中、轻、微型等多品种货车和专用车、客车同时发展的新局面。1994 年，国务院印发《汽车工业产业政策》，促进了商用车产业的蓬勃发展，随后几年涌现出大量的车辆生产企业，车辆产销量逐年增加，货车也发展形成多样化产品。随着与国外车企合资或合作的不断加强，我国货车的产品技术水平和质量大幅度提升。2004 年 6 月 1 日，国家发展改革委颁布实施《汽车产业发展政策》，对促进汽车产业与关联产业、城市交通基础设施和环境保护协调发展，创造良好的汽车使用环境，起到了积极作用。

党的十八大以来，交通运输进入了加快现代综合交通运输体系建设的新阶段。2016 年，随着《汽车、挂车及汽车列车外廓尺寸、轴荷及质量限值》（GB 1589—2016）的发布实施，中置轴挂车已成为我国积极推广使用的新车型。我国货运车辆已呈现出多样化、轻量化、标准化、模块化、智能化的发展趋势。2020 年 6 月，国家发展改革委、商务部发布《外商投资准入特别管理措施（负面清单）（2020 年版）》，自 2020 年 7 月 23 日起，逐步放开商用车制造外资股比限制，未来中国商用车市场将迎来更大的变化。

新能源汽车市场占有率逐步提高

中国新能源汽车产业始于21世纪初。2001年，在能源安全与节能降碳的需求下，新能源汽车研究项目被列入国家“十五”期间的“863”重大科技课题，形成了以纯电动、油电混合动力、燃料电池三条技术路线为“三纵”，以动力蓄电池、驱动电机、动力总成控制系统三种共性技术为“三横”的电动汽车研发格局。2009年，《汽车产业调整和振兴规划》颁布，提出新能源汽车战略，启动国家节能和新能源汽车示范工程，由中央财政安排资金给予补贴，给新能源汽车发展带来重大机遇，我国新能源汽车驶入快速发展轨道。

“十二五”期间，新能源汽车进入产业化初期阶段。全国全方位的新能源汽车政策体系初步形成，涵盖技术研发、生产准入、市场推广、基础设施与标准领域，进一步推进了新能源汽车技术的快速发展。新能源汽车产品日益丰富、销量逐年高速增长，技术不断提高，动力电池性能大幅提升，电机产品性能与国际水平差距进一步缩小。

“十三五”期间，新能源汽车发展迈入新阶段。2019年9月，中共中央、国务院印发《交通强国建设纲要》，要求加强智能网联汽车（智能汽车、自动驾驶、车路协同）研发，形成自主可控完整的产业链。性能水平持续提高的新能源汽车，逐渐成为人们购车清单中可供选择的一项。2020年2月，国家发展改革委、工信部等11个部门联合印发《智能汽车创新发展战略》。该文件提出的顺应新一轮科技革命和产业变革趋势，抓住产业智能化发展战略机遇，加快推进智能汽车创新发展。2020年，全国新能源汽车保有量达492万辆，占汽车总量的1.75%；新能源汽车增量连续三年超过100万辆，呈持续高速增长趋势；全球范围内，产销量连续六年位居全球第一。我国新能源汽车企业在电池、电机、电控等核心技术创新方面取得了长足进步，动力电池技术水平处于全球领先行列，驱动电机技术水平总体同国际先进水平相当，产品峰值功率范围覆盖了360千瓦以下各类新能源汽车用电驱动系统动力需求。

党的十八大以来，交通载运工具电动化发展成效显著，交通运输行业新能源汽车数量从2015年底的约15万辆增长到2019年底的近100万辆，每年可减少碳排放约5000万吨。其中，新能源公交车从8.7万辆增长到40.97万辆，新能源巡游出租汽车从0.7万辆增长到14.2万辆，新能源城市物流配送车辆达到43万余辆。

2020年11月，国务院印发《新能源汽车产业发展规划（2021—2035年）》。该规划指出，要以习近平新时代中国特色社会主义思想为指引，坚持新发展理念，以深化供给侧结构性改革为主线，坚持电动化、网联化、智能化发展方向，以融合创新为重点，突破关键核心技术，优化产业发展环境，推动我国新能源汽车产业高质量可持续发展，加快建设汽车强国。

比亚迪 C8 纯电动客车整装待发

智能汽车研发进入新阶段

营运车辆智能化技术发展可分为车辆动态监控、主动安全、辅助驾驶、无人驾驶四个阶段，各个阶段融合发展。

卫星定位系统车载终端是车辆动态监控技术的代表性成果。目前，我国在营运车辆动态监控技术应用领域处于国际领先水平。汽车防抱死系统（ABS）是主动安全技术的代表性成果。自动紧急制动系统（AEBS）是辅助驾驶技术的代表性成果。

2008 年以来，我国持续推动了前方碰撞预警系统、自动紧急制动系统技术在营运车辆上的大范围应用。2019 年以来，我国营运车辆整体智能化技术水平进入 C2 阶段（控制类辅助驾驶级别），并成为全球范围内首先在营运车辆上应用行人防撞技术的国家，真正起到了引领作用。

智慧便捷，绿色环保——出行凭证装进手机

道路旅客运输是我国分布最广泛、网络最为密集的运输方式。《2020 年交通运输行业发展统计公报》显示，2020 年全年，完成营业性客运量 96.65 亿人，完成旅客周转量 19251.43 亿人公里，其中铁路完成旅客发送量 22.03 亿人，公路完成营业性客运量 68.94 亿人，水路完成客运量 1.50 亿人，民航完成旅客运输量 4.18 亿人。

道路旅客运输与人们的生产生活息息相关。车票作为人们乘坐交通工具出行的关键凭证，其购买方式的便利化和信息化程度，对大家合理安排出行计划、节约出行时间、提升交通出行的获得感和幸福感意义重大。

道路客票的发展经历了手工售票、计算机售票、联网售票和电子客票四个阶段。

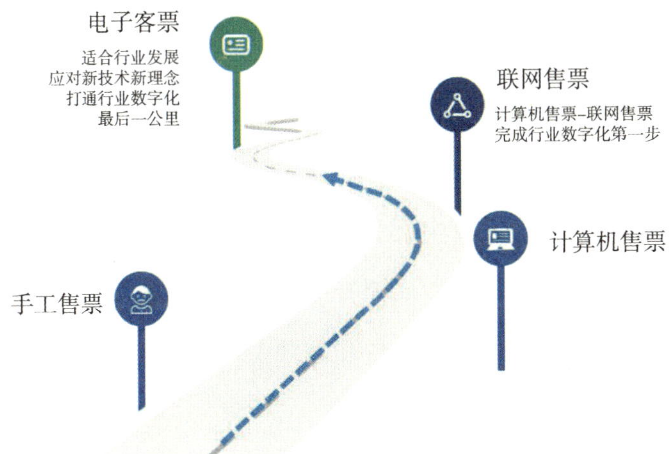

道路客票发展历程

手工售票阶段：自改革开放至20世纪90年代初，我国道路客运市场逐步开放。1984年，全国交通工作会议提出了“各部门、各行业、各地区一起干，国营、集体、个人以及各种运输工具一起上”的方针，道路客运行业进入市场化发展的快车道。但由于这一时期国内信息技术应用和计算机还未普及，主要还是沿用了纸质手工售票模式。

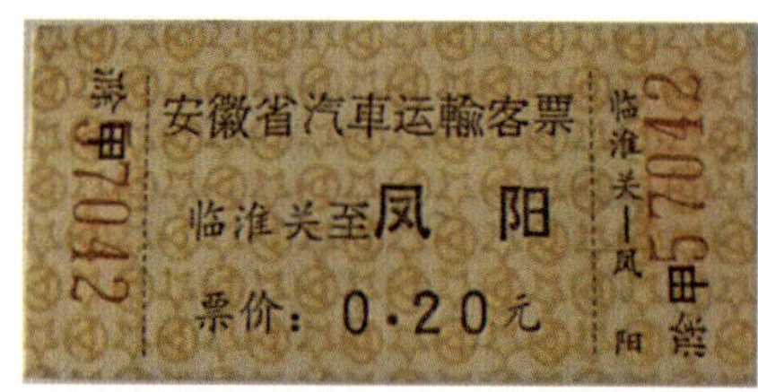

纸质手工票据

计算机售票阶段：20世纪90年代末以来，随着经济社会的快速发展，道路客运旅客运输量急剧增长，传统纸质手工售票已经不能满足业务发展需求，客运站开始尝试借助信息技术提高班次管理和售票服务效率。1997年，交通部发布《汽车客运站计算机售票管理信息系统规范》（JT/T 310—1997），极大地促进了计算机售票系统的普及应用，机打票登上历史舞台。

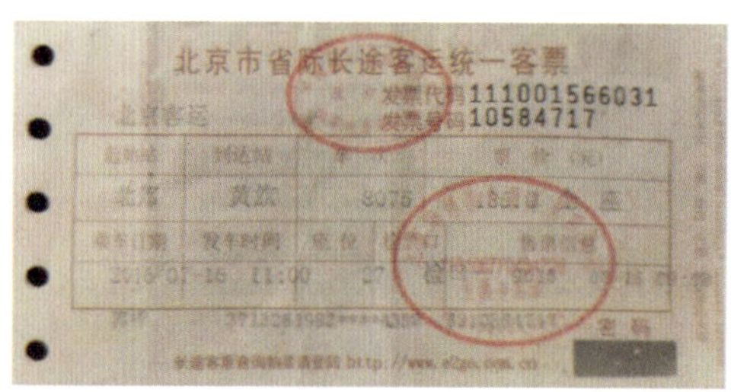

机打票据

联网售票阶段：2010年以来，随着移动互联网的飞速发展，交通出行信息化发展迅速，道路客运领域受经营主体分散，规模化、集约化程度不高等因素影响，信息化发展稍显滞后。如何提升道路客运行业公众出行信息服务水平，便捷人民群众跨区域出行，是行业管理部门必须思考和面对的问题。

为此，交通运输部强化政策保障和资金支持，在《公路水路交通运输信息化“十二五”发展规划》和《交通运输信息化“十三五”发展规划》中，都将道路客运联网售票系统建设作为一项重点工作，着力解决客运站票源联网共享、互联网售票等痛点难点，让百姓能便捷购买车票，提高出行效率和出行体验。

电子客票阶段：电子客票是实现旅客运输全过程电子化的重要标志，从根本上实现了道路客运数据、应用和服务的统一，打破了原有的数据与业务孤岛式管理的格局，实现了乘车凭证和报销凭证的分离。乘客无须到窗口或代售点排队购票取票，可根据电子客票信息，直接进站乘车。

目前，全国道路客运联网售票服务体系基本建成，全国 31 个省（区、市）均已建成省域道路客运联网售票系统，二级及以上客运站联网售票覆盖率超过 99%，班次可售率达 86.3%。2019 年全年联网售票量达 2.1 亿张，售票额超过 110 亿元，极大地方便了百姓便捷购票出行。道路客运联网售票系统部省联网工作稳步推进，推出全国道路客运联网售票服务平台。截至 2020 年底，23 个省（区、市）、超过 2000 个客运站，实现部省联网售票，为下一步全国范围旅客联程运输奠定了坚实的基础。

道路客运电子客票试点工作初见成效，北京、天津、河北、江苏、江西、山东、河南、广东、海南、贵州、宁夏 11 个省（区、市）开展道路客运电子客票试点工作，实现全国范围超过 800 个二级及以上客运站内电子客票应用部署，生成电子客票超过 2000 万张。试点省（区、市）通过电子客票的应用，大幅降低了管理成本和纸质车票印刷成本，全年累计节约超千万元。电子客票系统建设为下一步道路客运信息化跨越式发展、推进行业转型升级奠定了基础。

挑战禁区，创造奇迹——公路建在高原冻土上

青藏公路全长 1937 公里，是世界上首例在高寒冻土区全部铺设黑色路面的公路，于 1954 年 12 月 25 日建成通车，并于 1985 年 7 月 30 日全线铺通沥青路面。青藏公路格尔木至拉萨段，由北至南穿过气候严寒、生态环境恶劣、地质条件复杂的高原多年冻土区 630 多公里，其中多年冻土连续分布区 528.5 公里。

冻土是一种温度低于 0℃且含有冰的特殊土体，按照冻结状态持续时间，分为多年冻土和季节性冻土。青藏高原是世界上中低纬度海拔最高、面积最大的多年冻土分布区。研究表明，青藏高原多年冻土的温度主要在 -1.5 ~ -0.5℃之间，稳定性差，而西伯利亚、阿拉斯加等高纬度地区多年冻土的温度主要在 -2.5℃以下，相对比较稳定。西伯利亚的冻土像是一块结结实实的冰坨子，青藏高原的冻土更像一坨将要融化却还没融化的冰激凌。

冻土活动层在冬季就像冰一样冻结，体积膨胀，建在上面的路基和路面就会被“发胖”的冻土顶得凸起；到了夏季，融化的冻土体积缩小，路基和路面又会随之凹陷下去。冻土的冻结和融化反复交替出现，公路就会出现冻胀、翻浆、鼓包、开裂、不均匀沉陷、裂缝等病害，对公路交通的安全构成很大威胁。如果路面受大荷载反复作用，或者为吸热效应明显的黑色沥青路面，冻土的融化速度和范围都将加大，公路病害也将加重。因此，在青藏高原腹地昆仑山、唐古拉山 600 多公里多年冻土区大面积成功铺筑沥青路面是公认的世界性难题，曾被称为公路领域的“哥德巴赫猜想”。

长期的工程实践表明，多年冻土区公路修筑成败的关键在于路基，而路基的关键在于“驯服”冻土。如果想要使公路的路基保持稳定，就必须要保持冻土的热稳定性，而冻土的热稳定性有一个温度阈值（临界值），超过这

个温度，冻土就会融化。因此，维持冻土的温度使其低于阈值至关重要，这就要求对路基进行保温降温处理。

为此，交通部于 1973 年 6 月组建青藏公路科研组，对青藏公路冻土工程技术问题开展研究，并走过了近半个世纪的历程。

给路基降温保温有两个办法，一是主动措施，二是被动措施。主动措施是指能够主动冷却地基多年冻土的技术；被动措施是依靠材料或结构增大热阻、减少热量传入多年冻土，分为太阳辐射调控、传导调控和对流调控三种技术。

太阳辐射调控，其主要工程措施是铺设浅色路面、设置遮阳板、在边坡栽种植物等。

传导调控，其主要工程措施有提高路基高度、铺设保温材料等。

对流调控，其主要工程措施有修筑片块石类路基、通风管路基、热棒路基等。

在青藏公路上，一根根插在地上的棍子可能会引起你的注意，这就是热棒，一种单向传热的元件。设置热棒路基是给路基保温降温有效方式之一，其原理与我们夏天使用的空调类似。将热棒下部埋入路基，当下部环境温度高于上部时，通过工质循环的蒸发，冷凝过程将下部的热量源源不断地送到上部，从而使下部环境的温度下降；而当上部环境温度高时，则不会发生热传导。

热棒路基工作原理

双侧热棒

青藏公路科研组的工作者们攻克了在高海拔高寒地区修建公路的世界难题。他们的研究成果，为多年冻土地区公路工程建养提供了坚实的科学依据，填补了世界上该技术领域的空白，确立了我国在高原多年冻土研究领域的国际领先地位，为促进西藏地区经济建设和民族团结提供了强有力的技术支撑。

长寿耐久，韧性十足——沥青路面技术新突破

沥青路面是用各种筑路材料铺筑在路基上形成的供车辆行驶的层状构造物，一般由沥青面层、基层、底基层、功能层组成。其中，沥青面层是沥青路面建设与养护中单位投资成本最高、单位资源能源消耗最多的关键工程之一，我国二级及二级以上公路绝大多数采用沥青路面，高速公路则普遍采用沥青路面。

沥青面层直接接触自然环境，承受交通荷载反复频繁的作用，使用性能衰减最快，寿命最短，是公路工程技术的重点和难点，也是公路工程科技主要研究领域之一。

20 世纪 80 年代末期，随着我国“五纵七横”国道主干线建设规划的提出与实施，交通发展开始进入高速公路时代，需要对沥青路面技术不断升级改造，以适应高速、重载交通的使用要求。我国通过“七五”“八五”和“九五”三个五年计划的科技攻关，在沥青和沥青混合料技术方面取得了长足的进步，实现了沥青路面技术的跨越式发展。

2000—2010 年，结合交通（运输）部西部交通建设科技项目等研究计划，继续进行科技研发和相关基础研究。先后解决了我国高速公路沥青路面车辙、水损害等早期损害问题，提出了相应的技术对策；研究并成功应用了微表处、裂缝修补等沥青路面养护技术；开展了沥青路面材料循环利用等技术的研究；不断改进和完善沥青混合料性能评价技术、设计方法和性能预测方法；研究改

善沥青及沥青混合料的新型改性剂和改性工艺等。这一时期沥青路面技术的长足进步，大力支撑了我国国省干线高速公路网、普通公路网的建成。

经过多年研究并结合具体实践，我国耐久重载交通沥青路面的典型技术主要有两种：一是半刚性基层沥青路面，二是组合式基层沥青路面。

半刚性基层沥青路面技术

项目	半刚性基层沥青路面
定义	在粉碎的或原状松散的土中掺入一定量的无机结合料（包括水泥、石灰或工业废渣等）和水，经拌和得到的混合料在压实与养生后，其抗压强度符合规定要求的材料，称为无机结合料稳定材料。因其刚度介于柔性路面材料和刚性路面材料之间，又称为半刚性材料
优点	稳定性好；板体性好；性价比高（能以较低的建设成本获得较高的路面承载能力）
缺点	易开裂造成路面裂缝；沥青层黏结不佳、模量比过高；排水性能不佳；使用寿命偏短
改进措施	①控制无机结合料剂量和混合料设计强度，控制材料开裂； ②改善集料级配，提升混合料抗冲刷能力和抗裂性能； ③严格控制含水率和材料变异性，减少混合料离析，确保压实度和充分养生，保证结构层厚度； ④采用基于“强基薄面”理论的长寿命重载交通沥青路面结构，改进使用效果，提高使用寿命

组合式基层沥青路面技术

项目	组合式基层沥青路面
定义	组合式基层，即半刚性基层与柔性级配碎石基层的组合。应在半刚性基层和沥青面层之间铺设碎石过渡层，以防止反射裂缝；改善排水，或者直接用沥青碎石、级配碎石等柔性基层取代半刚性基层，同时适当增加沥青面层的厚度
优点	减轻路面开裂问题；层间黏结加强
特点	①沥青材料层厚度大，一般不小于 18 厘米； ②表面层推荐采用改性沥青和 SMA，基层推荐采用沥青稳定碎石； ③降低半刚性基层强度，在半刚性材料层和沥青材料层之间设置 15~18 厘米的碎石过渡层； ④采取措施加强层间黏结

2010 年以来，伴随着“7918”高速公路网的规划建设，我国高速公路发展进入扩容增效阶段。重载交通沥青路面技术发展主要瞄准以下三个方向：一是继续研究提升路面耐久性，延长沥青路面使用寿命；二是适应全球变暖、绿色发展要求，研究提升沥青路面的低碳环保水平；三是针对桥面铺装等突出技术问题，开展特种路面铺装研究。

随着交通量的大幅增加，长寿命沥青路面逐渐成为新一代沥青路面的发展方向。2000 年前后，欧美国家首先提出长寿命沥青路面的概念，随后我国也同步开展了相关研究与实践。目标是将我国沥青路面传统的设计寿命，由 15 年大幅提升至 30 年或 40 年，从根本上降低公路建设领域资源消耗，实现全寿命周期成本最优化。

我国高速公路网规模已雄居世界第一位，维护好巨量在役公路是未来进一步发展的前提。如何通过适时、适当的养护延长路面材料使用寿命，如何在路面材料结构寿命终结后进行再生，充分发挥路面材料的剩余价值，如何分析和预估再生路面材料的寿命等技术问题，都是我们当前和今后一段时间亟须研究解决的。

全国联网，高效便利——高速公路实现“刷脸”收费

电子不停车收费（ETC），是目前世界上最先进的路桥收费方式。车辆通过收费站点时，驾驶员不必停车交费，只需以系统所允许的速度通过，安装在车辆上的车载电子标签与路侧或门架上的标签读写器进行信息交换，系统自动从道路使用者的账户中扣除通行费。

国际上主流的电子收费系统一般由前端系统（路侧设备、车道设备等）和后台服务系统两部分组成。

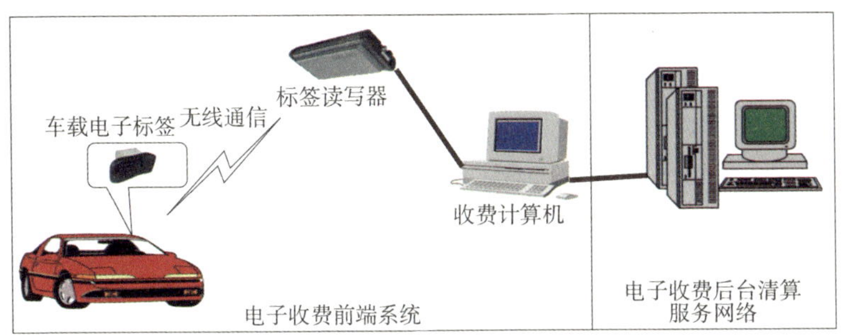

电子收费系统构成

自 1996 年开始，我国部分交通量大且注重服务水平的高速公路经营管理公司引进国外的 ETC 设备，开展试验试点，但存在成本高昂、ETC 系统互不兼容等问题。为此，国家从政策引导、科技攻关、行业试点示范等方面，着力推动 ETC 技术在收费公路系统的创新应用。

2007 年，交通部公路科学研究院开创性地提出适应我国国情、拥有自主知识产权的“双片式电子标签 + 双界面 CPU 卡”的组合式联网电子收费技术标准体系和综合解决方案，实现了 ETC 系统与现有人工半自动收费（MTC）系统的有机结合，打破了国外的技术垄断，带动了国内 ETC 技术及其产业链的发展、成熟和壮大，形成了与发达国家并跑的技术竞争格局，并在某些关键领域取得了领跑竞争优势。

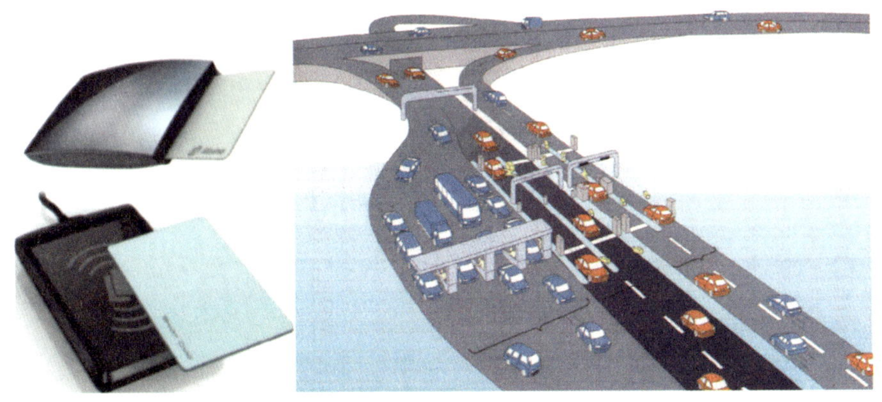

组合式联网电子收费系统模型图

2014 年 3 月，交通运输部启动全国 ETC 联网工作。

2020 年 1 月 1 日零时，全国高速公路 487 座省界收费站全部取消，实现了“一脚油门踩到底”。取消高速公路省界收费站工程，是我国高速公路发展史上的一次重大变革，形成了一批具有自主知识产权、可复制、可借鉴的技术标准体系，建成了世界上规模最大的高速公路电子收费系统，开创了高速公路一体化运行的新格局，成为我国公路发展史上的一个里程碑，也为世界其他国家和地区开展收费公路信息化、智能化建设贡献了中国智慧，提供了中国方案。

二、水路纵横：门泊东吴万里船

（一）港口棋布，水路纵横

港口，大多位于江河湖海等水域的沿岸，是水陆联运的重要集结点和枢纽处，是工农业产品和外贸进出口物资的集散地，也是船舶停泊、装卸货物、上下旅客、补充给养的场所。

港口简介

中国古代港口

人类文明诞生于水域，古代以来，“依水而居”就是人类活动的重要特征，而港口带来的大量货物和便利的交通环境，使得港口成为城镇发展的重要支点。在我国，沿海港口城市往往也是经济发达地区，例如广州、宁波、泉州，自古就是通商重镇。

一般来说，海港的布局都会选在海水较深、风平浪静的海岸区域。然而，随着远洋航运和大型船舶的发展，尤其是对于常见的集装箱货船来说，船舶的吃水深度动辄超过 20 米，天然优良的港址，已经不能满足水运经济发展的需求，必须采用人工手段挖掘海床，开辟出深水航道和泊位，才能保障大型船舶的顺利进港。

淤泥浅滩上建造的深水港——天津港

在我国长达 1.8 万公里的海岸线中，适宜建设天然深水港的区域主要分布在黄海、东海和南海。渤海是我国的内海，也是一个凹陷的海湾，平均水深只有 15 米，沿岸都是淤泥潮滩。这样的地貌环境，并不适合发展天然深水港口。但环渤海地区的经济发展，又迫切需要一座大型的深水港来承接巨大的货运需求，天津港就是在这一背景下应运而生的。

天津港，也称天津新港，位于渤海湾西北岸，位列世界十大港口之一，也是我国第一个完全从淤泥浅滩上开挖出来的大型深水人工港。

天津港

延伸阅读

天津港的建成，可以说是工程史上的奇迹，不仅在于其巨大的工程量，也因为在建港过程中，几代科学家和工程师攻克了大量的技术难关。

天津港所在的渤海湾西北岸，不仅水深较浅，而且沿岸滩涂都是淤泥，质地松软，又富有黏性，在波浪和水流的作用下，很容易悬浮在水中。在天津港建港初期，我国还没有在淤泥滩涂上开挖如此深槽的施工经验。尤其是对淤泥在潮流、波浪作用下运动规律的研究并不透彻，开挖深水航道和泊位后，被挖走的淤泥会不会再次回到槽内而形成淤积，尚不确定。一旦出现这种情况，为了满足船舶通航的水深要求，必须常年开展疏浚挖泥，导致极高的成本。就当时的技术条件来看，天津港似乎并不具备建设为世界级大港的条件。

为攻克这一难题，自 20 世纪 70 年代以来，大批科研技术人员投入天津港的建港可行性研究，围绕渤海湾西岸的潮汐、潮流、泥沙特征，开展了长期观测和大量实验论证。经过艰苦攻关，终于全面突破了淤泥质海岸建港技术，首次提出天津港航道泥沙回淤预报公式，发展了淤泥、浮泥运动预测方法，以及采用部分浮泥作为有效水深使用的“适航水深”技术，为天津港建设成为世界级大港铺平了道路。

天津港的成功建设，受到了全世界瞩目，也成为淤泥海岸建港的“样本工程”。目前，天津港划分为北疆港区、东疆港区、南疆港区、大沽口港区、高沙岭港区、大港港区、海河港区和北塘港区八个港区，主港区航道等级为 30 万吨级，并兼顾 30 万吨级油轮与 10 万吨级集装箱船舶双向航行要求。

改革开放初期的天津港

今日的天津港

作为京津冀的海上门户、连接东北亚与中西亚的纽带、中蒙俄经济走廊的东部起点、21 世纪海上丝绸之路的战略支点，天津港对于促进“一带一路”建设，具有重要意义。

成功突破“建港禁区”——黄骅港

除了由淤泥组成的海岸，还有一种更不适合建港的海床类型，一度被认为是建港的“绝对禁区”，那就是粉砂淤泥质海床。典型的粉砂淤泥质海域建港工程，首推黄骅港。

黄骅港，位于河北省沧州市黄骅市的渤海之滨，河北、山东两省交界处，距天津港的东南侧 40 公里，是河北省沿海的地区性重要港口，我国的主要能源输出港之一，也是我国跨世纪特大工程[①]——神华工程的煤炭输出海港。

因为距离天津港较近，在黄骅港建设初期，人们普遍的认识是，黄骅港所处海岸的泥沙性质也属于淤泥质，可以参照天津港建港的工程技术。然而，一场突如其来的“沙灾”，彻底颠覆了人们的认知。2003 年 10 月，渤海湾发生 50 年一遇的风暴潮，新开挖形成的长达 10 公里的外海航道在大风后几乎全部淤平，北煤南运的船舶坐困港中，寸步难行，港区生产也被迫停止，造成严重经济损失。

正在作业中的黄骅港堆场

事后，全国海岸泥沙研究的科技精英紧急组成了特别攻关组，经过大量的现场调查和实验论证，最终发现了粉砂这一真正的“元凶”。

为了降服粉砂，科技人员提出

① 党的十四大报告明确提出了要抓紧兴建长江三峡水利枢纽、南水北调、西煤东运新铁路通道、千万吨级钢铁基地等跨世纪特大工程。神华工程即属于西煤东运新铁路通道。

了建设拦砂堤的方案，把黄骅港的口门进一步向外海延伸，直到 8 米水深处，两侧采用拦砂堤，有效拦截了沿岸运动的粉砂。曾经的“建港禁区”，终于被成功突破。

黄骅港现由杂货港区、煤炭港区、综合港区和河口港区 4 个港区组成，20 万吨级航道已顺利通航，年吞吐量达 2 亿吨，成为冀鲁区域的重要能源枢纽港、中国第一煤炭下水港。昔日的鱼塘，如今变身为亚欧大陆桥新通道、“一带一路”开放桥头堡。

广袤海域上的“东方大港”——上海洋山港

虽然在建港领域已经取得诸多辉煌成就，但中国交通人对于天然良港的追求从未停歇。以往的港口建设，基本是围绕码头岸线，在深水区建大泊位停靠大船，浅水区建小泊位停靠小船，即“深水深用，浅水浅用”。

但是，我国适合建港的海岸线占比并不高，自然条件优良且适合建港的岸线几乎已被开发完毕，大型专业化深水码头面临无处可建的困境。在开敞海域、岛群或人工岛建设离岸深水港，是破解我国港口资源环境制约的有效手段之一。

上海洋山港

我国拥有大量外海离岸岛屿，利用这些岛屿开发大型深水港口，逐渐成为港口的重点发展方向。与建在大陆海岸边的港口相比，离岸港虽增加了集疏运距离，但其面向八方，具备更加广袤的腾挪空间，更加有利于建设国际性的枢纽港，同时，离岸港的水深可达到几十米甚至百米，船舶通航更加自由便利。上海洋山港，无疑是其中的优秀代表。

上海洋山港位于浙江省嵊泗县境内，由大洋山和小洋山两大港区组成，是上海国际航运中心的深水港区。

上海洋山港地处南、北两条岛链所夹，东窄西宽的喇叭形海域，潮流的运动速度极快，最大可接近 3 米 / 秒，对船舶的航行和靠泊，安全隐患极大。因此，在港区设计时，特别是航道走线的设计必须非常慎重，一旦航线选择不当，船舶通航时就可能遭遇与航线垂直的水流，从而加大了船舶航行的操作难度。同时，洋山港位处岛群格局中，当水流穿过多个岛屿时，受岛屿的阻挡，水流的方向复杂，甚至在一些区域出现回旋，来自长江口的大量泥沙，也对泊位和航道的泥沙回淤形成影响。

得益于离岸深水港建设关键技术的突破，科研人员通过大量论证，发现了颗珠山汊道对上海洋山港分水分沙的“吸纳效应”，建立了强流速、高含沙条件下的水流、泥沙预测公式。在此基础上设计的上海洋山港工程方案，将部分岛屿连接起来形成陆域，而在个别岛屿之间留下泥沙通道，在深海中奇迹般地造出 800 万平方米、海拔 11 米的“新大陆”，相当于 1000 多个标准足球场大小。上海洋山港的建成，也是岛群建港技术的一次飞跃。

至 2020 年，上海洋山港布置集装箱深水泊位 50 多个，设计年吞吐量 1500 万标准箱。通过跨海大桥实现与上海交通运输网络连接，充分发挥了上海港经济腹地广阔、箱源充足的优势，上海洋山港成为建立在我国广袤海域上名副其实的“东方大港”。

上海洋山港落成至今，创下了多项中国乃至世界之最：中国第一座近海深水港；中国最大的集装箱深水港；中国第一个保税港区；中国第一个靠泊1.8万标准箱超大集装箱船的枢纽港；世界上唯一建在外海岛屿上的离岸式集装箱码头；世界最大的海岛型深水人工港；每100米岸线的年均吞吐量达28万标准箱，居世界第一……

建设“黄金水道”——长江口深水航道治理工程和长江南京以下12.5米深水航道建设工程

深水航道，一般指大型河口及近海水域能满足1万吨级以上的海轮安全航行的航道。近年来，随着船舶向着大型化发展，河口及近海水域5万~10万吨级的深水航道不断建成，甚至出现了20万~30万吨级的特大型深水航道。但在内河航道中，最大船舶吨位仅为3000吨级。沿江港口与沿海城市间的货物交流方式，通常是以小吨位的船舶沿江运输至出海口，再由海轮负责中转运输。这种方式的运输周期长、货物损坏率高、中转费用昂贵。海轮不能入江，江船不能出海，严重制约着大宗物资江海联运效率的提高。

海轮进江，江船出海

1998年以前，长江口航道水深仅有7米，2.5万吨以上的海轮无法直接从长江口进入上海港及上游沿线港口，严重阻碍了长江“黄金水道”潜力的发挥和整个长江流域经济的发展。如何突破瓶颈，实现江港与海港的无缝对接，形成江海直达的集疏运通道？长江口深水航道治理工程和长江南京以下12.5米深水航道建设工程，交出了一份漂亮的答卷。

位于南京下游的长江航道，是我国内河水运最繁忙的水域，位于“一带一路”的交汇处，是长江主航道中通航条件最好、船舶通过量最大、经济效益最为显著的航段。此段航道，以长江通航总里程1/7的长度，承担了长江全线 70% 的货物运量，年运量 16 亿吨以上。其中，海轮承运量占了 8 亿吨。

长江口深水航道治理工程，主要针对长江口南港和北槽河段，全长 92.2 公里，于 1998 年开工建设，总共分为三期，2011 年 5 月完成竣工验收。长江南京以下 12.5 米深水航道建设工程也分为三个阶段：一期工程对太仓至南通河段的通沙河、白茆沙水道实施航道治理，实现太仓至南通河段航道水深达到 12.5 米的建设目标；二期工程对南通至南京河段的仪征、和畅洲、口岸直、福姜沙水道实施洲滩关键控制工程或航道治理工程，初步实现贯通长江南京以下 12.5 米深水航道的建设目标；三期工程实施太仓至南京段航道治理后续工程，视一、二期工程的实际情况和需要进一步改善航道条件。长江南京以下 12.5 米深水航道，已于 2016 年正式投入使用。

长江南京以下 12.5 米深水航道二期工程施工现场

长江南京以下 12.5 米深水航道与长江口 12.5 米深水航道相接，延伸大型海轮进江里程达 320 余公里，航道水深提升至 12.5 米，满足 5 万吨级集装箱船（实载吃水 ≤ 11.5 米）双向通航、兼顾 10 万吨级散货船减载通航，大大释放了长江的航运效能，从此咽喉要道变成“黄金水道”。

“黄金水道”实至名归

长江口深水航道治理工程带来的经济效益和社会效益巨大。

长江南京以下 12.5 米深水航道建设工程和长江口深水航道治理工程，是中国历史上规模最大、技术最复杂的水运工程，是世界巨型复杂河口航道治理的成功典范，是实施西部大开发战略的重要依托，是长江沿江经济持续发展的重要支撑。

“黄金水道”上百舸争流

以南京港为例，南京港每年约有 400 艘大吨位船舶靠泊，深水航道通达南京后，每艘船可多装载 1 万吨货物，按照每万吨货物降低 50 万元物流成本计算，一年可以节省 2 亿元；江苏沿江港口大型码头泊位能力得到充分发挥，形成货物运输枢纽；进一步提升沿江物流服务业水平，促进沿江产业规模集聚发展，为沿江产业转型升级创造条件。

“凯兰美洲”轮安全停靠南京港龙潭港区 903 号码头

随着长江南京以下 12.5 米深水航道的贯通，南京港的国际航线得到进一步拓展。散杂货运输方面，到欧美、中东、大洋洲等地的航线密度进一步加大；集装箱运输方面，除到日韩的航线以外，增加了开往“一带一路”沿线国家和地区的航线。

长江通航历史上最大尺度船舶——2 万标准箱中远海运“狮子座”轮出江试航

世界级数最多、水头最高的船闸——三峡船闸工程

从古至今，水利枢纽的建设，一直是促进经济发展和文明进步的重要因素。在具有航运功能的天然河流上兴建水利枢纽，需要同期规划通航建筑物，在保证航运畅通的同时，形成兼具防洪、发电、通航等功能的综合性枢纽。通航建筑物主要有船闸和升船机两类。

巨轮拾级而上：三峡船闸的妙用

三峡大坝，位于中国湖北省宜昌市三斗坪镇境内，距下游葛洲坝水利枢纽工程 38 公里，是当今世界最大的水力发电工程，其主要通航建筑物——三峡船闸，总水头 113 米，是世界上级数最多、总水头最高的内河船闸。

船闸作为一种厢形结构物，由上、下游引航道与上、下游闸首连闸室组成。闸室是停泊船舶（或船队）的厢形室，通过调整闸室中的水位，使船舶在上、下游水位之间作垂直升降。当船舶由下游向上游行驶时，室内水位降至与下游水位齐平，然后打开下游闸首的闸门，船进闸室，关闸门灌水，待水位升高到与上游水位齐平后，开上游闸首闸门，船即可出闸通过上游引航道驶向上游。由上游向下游行驶时，过闸操作程序与此相反。

船舶驶入三峡船闸

三峡船闸位于坛子岭左侧，为双线五级，单线全长 1607 米，由低至高依次为 1~5 号闸室，每个闸室长 280 米，宽 34 米，闸室坎上水深 5 米。船只通过永久船闸需 3~4 小时，主要供货运船舶通航，可通过万吨级船队，设计单向年通过能力 5000 万吨。2003 年 6 月，三峡船闸试通航。

船舶有序通过三峡五级船闸

三峡船闸上、下游的水位差和级数都位居世界第一。由于三峡大坝正常蓄水位为 175 米，而坝下最低水位为 62 米，上下落差 113 米，船舶通过船闸，相当于翻过 40 层楼房的高度。为了让船舶安全、顺利通过落差如此之大的船闸，工程师们考虑将 113 米的水位落差分级减小，一共分为五级，使船舶像上下楼梯一样逐级过 5 次船闸，这样便形成了三峡大坝的五级船闸。

三峡船闸自 2003 年运行以来，在长江上游地区经济社会发展和水运需求释放的双重带动下，过闸货运量持续增长。2011 年，船闸通过能力已趋饱和；2019 年三峡船闸货客物通过量达到了 1.48 亿吨，再创历史新高，船闸通过能力和过闸需求间的矛盾日益突出。

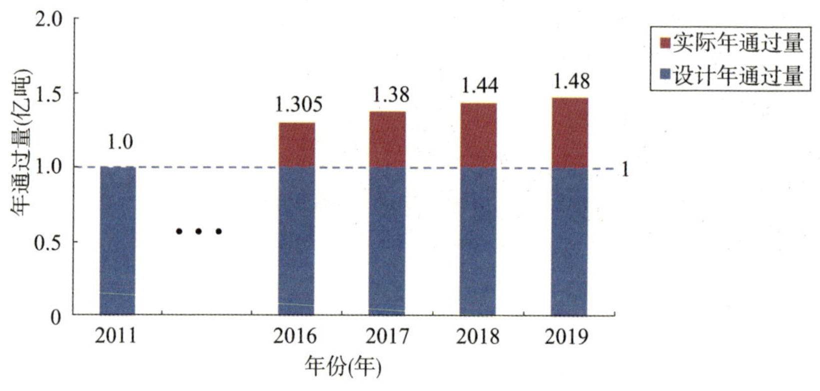

三峡船闸设计年通过量与实际年通过量对比

三峡船闸过闸货运量突破亿吨后，现有船闸通过能力的挖潜空间十分有限，考虑到过闸需求仍将持续增长，通过能力缺口逐步扩大，大量船舶等候期间损失巨大，且船闸和坝区通航安全风险较高。为从根本上解决三峡过坝运输供需矛盾，必须对枢纽通航设施进行扩能升级。目前，三峡水运新通道的前期论证工作已经开展。

船舶电梯：三峡升船机

升船机又称举船机，是利用机械装置升降船舶，以克服航道上集中水位落差的通航建筑物，主要由塔楼、承船厢、驱动装置、安全保障装置等组成。因其具有耗时少、运行速度快、占地面积小等优点，在国内外得到了广泛应用。

现代最早的升船机，是 1934 年德国建造的尼德芬诺垂直升船机。

在湖北宜昌，三峡水利枢纽工程雄居中国第一大河长江之上，在这片以 113 米的高水位落差而著称的著名水域，一座举世无双的“船舶电梯”正在空中开展作业。这是目前世界规模最大、技术难度最高的全平衡式垂直升船机，能装载 3000 吨位的船舶，仅需约 1 小时，就能将船舶提升到 113 米（约 40 层楼的高度），能让船舶从三峡大坝的下游翻越百米落差，直接抵达上游。

在设计之初，面对长江三峡 113 米的高落差，升船机采用何种方式爬升，是前所未有的难题。当时通用的升船机爬升方式，有卷扬式爬升和齿轮式爬升等方案。其中，卷扬式的原理与水井提水类似，将装载船舶的船厢用钢丝绳和卷扬机连接，卷扬机如同井口的转轮，船厢如同井底的水桶，卷扬机转动，钢丝绳受力拉升，带动船厢升起；齿轮式则是在上升方向上安装可以滑动的轨道，轨道上有齿扣，与船厢上的齿扣咬合固定，当轨道开始向上滑动时，船厢被带动升起。

三峡全平衡式垂直升船机

经过多轮比选和论证，最终选择了齿轮齿条爬升方案，因为从 113 米的高落差水域过坝，船舶需要更安全更稳妥的提升方式。齿轮齿条爬升方案，是指利用对称安装在承船厢两侧的齿轮与安装在升船机塔柱上的齿条相互咬合，带动承船厢上升或下降。三峡升船机的规模远远超过迄今为止的所有升船机，当船只进入巨大的承船厢后，电气传动系统必须保证承船厢 4 个驱动点的提升速率一致，同步误差必须小于 2 毫米，相当于一枚一元硬币的厚度，这就是“电气高层同步方案”。

升船机赖以爬升的四根齿条，每根长 125 米，用什么材料制造，如何制造，这在世界范围内都没有先例可供借鉴。我国科技工作者经过反复研究、实践改进，成功研制了模数高达 62.7 毫米、淬硬层深度 6 毫米的齿条特供钢材。同时，确定了“化整为零”“集零为整”的制造方案，也就是将 125 米的齿条分成 25 截，分段制造，最后再拼装成整体。但单节 4.7 米长的齿条，制造难度也是史无前例。

冶炼、浇铸、热处理、表面感应淬火、机械加工……每一道工序都是世界难题，经过 3 年多的艰苦攻关，通过 42 万次疲劳寿命实验，最大提升高度为 113 米、最大提升质量为 1.55 万吨的升船机齿条终于研制成功。

三峡升船机工程于 1994 年开工建设，2016 年通过试通航前验收，并进行了为期一年的试通航，随后正式投入运行，发挥了快速通道的作用。截至 2020 年底，三峡升船机已安全平稳运行 4 年，累计运行 11221 厢次，通过船舶 11341 艘次，旅客 38.8 万人次，货物通过量 399 万吨。

智能港口的“前世今生”

20 世纪 60 年代，全球物流行业发展迅速，港口作为商品流通的枢纽，在全球物流系统中发挥着重要的作用。随着经济全球化进程的加快，科技革命迅速发展，产业结构不断优化升级，高效率的现代港口已成为区域经济发展与产业结构升级的重要支撑。从区域间商品流通中心转变为贸易中心和商业中心，港口的发展大致经历了四代。进入 21 世纪以来，港口成为兼具信息化、网络化与敏捷化的综合服务中心。

世界港口发展历程及特点

发展阶段	时　间	主要功能	发展特点	港口定位
第一代：传统港口	18 世纪以前	装卸、转运	传统装卸	区域间商品流通
第二代：临港贸易中心	18 世纪初—20 世纪中叶	装卸、转运、搬运	工商业落户，临港产业具雏形	生产贸易场所、货物增值服务中心
第三代：国际商业中心	20 世纪 50—60 年代	①装卸、转运、搬运 ②运输贸易的信息服务与货物配送	适应国际贸易、全球化物流	部分港口发展为物流、贸易、工业、金融中心
第四代：综合服务中心	20 世纪末至今	①装卸、转运、搬运 ②运输贸易的信息服务与货物配送 ③港口之间的互动、差异化服务 ④与供应链各环节无缝衔接	城市为主体，自由贸易为依托	国际贸易调度站、产业集聚地、综合服务平台、国际航运中心、港口群结构

20 世纪 80 年代中期，自动化码头诞生，主要用于集装箱码头。1993 年，世界上第一个自动化集装箱码头在荷兰鹿特丹港投入商业运行，随后，英国伦敦港、日本川崎港、新加坡港、德国汉堡港等相继建成自动化集装箱码头。

目前的全自动化码头，主要体现在集装箱在港区的流转环节，包括集装箱识别、水平运输、垂直运输等。在技术上，分别对应采用光学字符识别（OCR）和应答器，对集装箱卡车、集装箱进行信息的识别、监控；自动导引运输车（AGV）进行集装箱水平运输；自动化或半自动化远程操作起重设备，进行集装箱的垂直运输。全自动化码头建造难度大、科技含量高，被誉为“港口科技王冠上的明珠”。

中国智能港口：“从零开始”到“世界领先”

进入 21 世纪，中国港口迎来快速发展期，但我国智能港口建设的起步时

智能港口

间较晚。2013 年，中国在世界前十大集装箱港口中占据七席，却没有一座自动化码头。随着“一带一路”建设的大力推进，港口成为“一带一路”沿线的重要节点，智能港口和自动化集装箱码头成为未来港口重点的发展方向。

截至 2020 年 6 月，我国内地已陆续建成厦门远海、青岛港、上海洋山港四期 3 个全自动化码头和 6 个半自动化码头，并有 6 个自动化码头在建，建成数和在建数均居世界首位。其中，厦门远海是中国首个全自动化码头；青岛港成为全球首个 5G 智慧码头，“连钢创新团队”破解了提高全自动化码头的效率这一世界性难题，多次刷新装卸世界纪录；上海洋山港四期已经成为全球最大的智能集装箱码头。

厦门远海全自动化码头

青岛港全自动化码头

登顶全球第一：上海洋山智能港

上海洋山港四期全自动化码头于 2017 年 12 月 10 日投入运营，总投资 128.48 亿元，设计能力 630 万标准箱 / 年，总用地面积 223 万平方米，码头岸线总长 2350 米，拥有 7 个泊位、26 台岸桥、116 台自动化轨道吊（ARMG）和 130 台 AGV，以及 58 个自动化堆垛机，是目前全球规模最大、自动化程度最高的集装箱码头。上海洋山港四期的建成和投产，标志着中国港口在运行模式和技术应用上实现里程碑式跨越升级。

上海洋山港四期全自动化码头

上海洋山港四期码头装卸采用“远程操控双小车集装箱桥吊 + 自动导引运输车 + 自动操控轨道式门式起重机”的生产方案。

此外，港区地面上敷设的 6 万多个磁钉好比一个个路标，自动导引运输车通过无线通信设备、自动调度系统以及磁钉的引导，可以实现精密定位，准确到达指定停车位。码头的主要装卸环节实现全电力驱动，真正成为一座安静、绿色的现代化码头。

延伸阅读

与传统集装箱码头相比，上海洋山港四期码头建设的创新发展理念和更高技术含量主要体现在：

巧妙的堆场布局：与一至三期工程相比，四期工程的堆场面积要小得多，但采用全自动化码头方案后，作业线与码头垂直布置并采取高密度堆垛方式，大幅提高了土地与深水岸线资源的利用率，实现了集装箱在港内运输距离的最短化。

空无一人的“魔鬼码头”：远程操控，让驾驶人员可以在办公室内远程控制桥吊和轨道吊；自动导引运输车，让码头前沿的水平运输实现了无人化；生产管控系统，让船舶和堆场计划、配载计划、生产作业路计划等全部交由系统自动生成，显著降低了码头各个环节的人力资源成本，实现了码头作业从传统劳动密集型向自动化、智能化的革命性转变，人力成本降低70%，生产效率则提高30%，可提供全天候、高效、绿色、安全的服务。

首创多元化堆场作业交互模式：自动化堆场装卸设备采用无悬臂、单悬臂、双悬臂三种轨道吊，无悬臂箱区和带悬臂箱区间隔混合布置，丰富的设备类型带来多元的交互模式，现场作业的机动性和灵活性大大增强。目前在全球自动化码头中，仅有上海洋山港四期采取了这一模式。

值得一提的是，码头从设备到“大脑”，均为“中国制造”。上海洋山港四期采用的自动化装卸设备由上海振华重工制造。作为“大脑”的软件系统，主要由上海振华重工自主研发的设备控制系统和码头方上港集团自主研发的码头智能生产管理控制系统（TOS）组成，这使得上海洋山港四期成为国内第一个拥有“中国芯”的自动化码头。

上海洋山港四期的建设和运营，为全面扩大开放、推动建设世界一流港口、更好服务社会主义现代化国家建设提供了重要支撑。

（二）巨轮远航，装备专业

新中国第一艘万吨巨轮——“东风”号

1968 年 1 月 8 日，新华社的一则新闻报道，让全国人民为之振奋：我国第一艘自行研究、设计、建造的万吨级远洋货轮“东风”号诞生！这是由新中国自行设计建造的第一艘万吨级巨轮。“东风”号于 1959 年开工，1965 年试航，建造整整历时 7 年之久，其建设材料和配套设备，均由我国自行完成。

新中国自行设计建造的第一艘万吨级远洋货轮“东风”号

我国的船舶制造事业曾有过辉煌历史，然而 1949 年新中国成立时，现代船舶工业的基础非常薄弱。造万吨巨轮，承载着中国人民实现民族复兴的梦想。

20 世纪 50 年代中后期，毛泽东主席视察江南造船厂、芜湖造船厂，发出我们要造大船、造快艇的号召，这极大地鼓舞了船舶工业从业者，决心要建造出中国人自己的万吨轮船。经过努力，1958 年 11 月 27 日，在苏联提供的技术和设备的帮助下，我国第一艘“567”型万吨级远洋货轮问世，命名为“跃进”号。然而，“跃进”号严格来说只是一艘仿制品，谈不上“自主知识产权”。在领导人的亲切关怀下，自行设计、制造万吨远洋船的计划，列入国家科学技术发展十年规划的重点项目。

新中国第一艘万吨级远洋货轮“跃进”号

万吨远洋船的设计任务由第一机械工业部第九局第二产品设计室（今中国船舶工业集团公司第七〇八研究所）承担。仅用三个半月，设计人员就完成了全部施工设计图纸，比过去设计 5000 吨货船的周期缩短了 3/4。随后，交通部远洋运输局与江南造船厂签订了造船协议。

第一次建造国内自行设计的万吨船，在设备、技术方面遇到了不少困难，第一道工序就不顺利：放样的场地不够长，无法线型放样，工人们经过研究，按比例缩小了 3/4，解决了场地问题；还用线型活络多用样板替代了以前的单用样板，既节省了材料，又提高了工效，原计划 15 天的放样下料任务，12 天就完成了。这只是其中一例，据统计，江南造船厂在万吨船生产技术上，实现了 300 多项重大技术革新，改进设计和工艺 180 余件，制造的速度和质量都大大提高。万吨船主要结构的焊缝优质率达到 98% 以上，节约钢材 43.5 吨，船壳建造成本降低了 5.5%。

“东风”号船型总长161.4米，设计吃水8.46米，排水量17182吨，载重量11642吨，载货量10000吨，航速17.3节。船体采用了国产的高强度低合金钢结构材料，主机则是我国自行设计制造的第一台8820匹船用重型低速柴油机。船上设有878立方米的冷藏舱和1145立方米的液货舱，可载运少量的冷藏货及液货。货舱内设有止移板设备，必要时可以载运散运谷物。第一货舱还设有防爆措施，可以装运一般易燃易爆物品，第二、三舱设有60吨重型吊杆1根，可以吊装重物。

“东风”号下水后，正值三年困难时期，加上严峻的国际环境，配套设备安装工程一度停顿，船壳在黄浦江畔停泊了多年。直到1965年底，才完成了全部内部安装。次年，经国家船舶检验局检验，其快速性、装载量、钢材消耗量和机舱长度等指标，都达到了当时的国际先进水平。《人民日报》《文汇报》等分别报道了“东风”号的消息，喜讯传遍了中华大地。

1968年1月9日　星期二　第二版　　　　人民日报

伟大的毛泽东思想照耀“东风”轮胜利诞生

这是我国自行研究设计建造的第一艘万吨级远洋货轮，技术性能达到国际先进水平

《人民日报》刊发“东风”号完工

“东风”号能在海上连续航行四十昼夜，从上海出发，经太平洋、印度洋、大西洋，沿途不加燃料，直达英国首都伦敦。每航行到一个港口，当地的侨胞都纷纷来到船上，与祖国的亲人们相见。“东风”号寄托了海外中华儿女对祖国的无限思念。

“东风”号的成功建造，也为我国大批建造万吨级出口船奠定了坚实的基础，“劲松”“险峰”“远望”“中国光荣”号等一系列知名万吨级船舶，也在随后成功问世。

海上巨无霸——“宇宙”号大型集装箱船

集装箱船是一种全部舱室及甲板专门用于装载集装箱的船只。随着中国“一带一路”建设的逐步推进，“一带一路”沿线国家对于货运的需求日益增长，为了满足中欧货运需求，提升我国造船业的竞争力，中国自主设计建造了全球装载能力最强的集装箱船——“宇宙”号。该船由中船集团设计建造，于 2018 年 6 月 12 日正式交付。这是我国在高端船舶建造领域的新突破，也将进一步提升我国海上运输的能力。

中远海运集装箱船“宇宙”号

“宇宙”号总长 400 米，船宽 58.6 米，大小相当于 39 个长 32 米、宽 19 米的标准篮球场，型深 33.5 米，最大吃水深度 16 米，设计航速 22 节，最大载重量 19.8 万吨，最多可装载 21237 个标准集装箱，配备 1000 个冷藏箱插座。“宇宙”号满载排水量为 20 万吨，是“辽宁”号航空母舰的 3 倍。如此庞然巨物，却仅需 24 人就可以完成驾驶，彰显了“中国智造”的新突破。

“宇宙”号靠泊港口

“宇宙”号是“宇宙”系列6艘集装箱船的第一艘，江南造船[①]将继续为中远海运集团建造其余5艘21000标准箱级姐妹船。该系列船舶都将配备国内自主研发的智能船舶系统，以适应未来船舶的发展趋势。此外，江南造船还将建造4艘22000标准箱级双燃料集装箱船，进一步刷新全球最大箱位集装箱船的建造纪录。

“宇宙”号驶向大海

“宇宙”号的问世，打破了国外对于大型集装箱船的垄断。作为“20000箱船建造俱乐部”的新成员，其装载能力世界第一，标志着我国在该领域占据了世界领先地位，一举实现了由追随者到领跑者的历史性跨越。“宇宙”号技术先进、性能优良、节能环保、高度智能，代表着中国造船的最高水平。作为中远海运集装箱船队的核心旗舰，该船今已投入远东至欧洲精品航线营运，成为21世纪海上丝绸之路的新使者和新名片。

造岛“神器”——“天鲸”号与“天鲲”号

挖泥船属于疏浚装备，是一种特殊作业船舶。简单来说就是将海里的泥沙挖走，顺着管道向后方排出，堆积到一定数量后，就能够在海中形成一片人造小岛。挖泥船的具体功能包括：挖深、加宽和清理现有的航道和港口；开挖新的航道、港口和运河；疏浚码头、船坞、船闸及其他水工建筑物的基槽；将挖出的泥沙抛入深海或吹填于陆上洼地造田等。

长期以来，我国的疏浚装备制造受制于人。1964年，我国斥巨资（相当

① 原为江南造船厂，今为江南造船（集团）有限责任公司。

于 4 吨黄金）从荷兰购入的“航津浚 102”轮，且受到国外厂商的技术封锁，所有参数都严格保密。为了更好地发展中国疏浚装备产业，我国科研技术人员毅然选择了疏浚装备国产化的道路。

2006 年，天津航道局成功建造中国第一艘拥有完全自主知识产权的现代化大型绞吸挖泥船“天狮”号，彻底打破了国外挖泥船的技术垄断。以此为开端，我国自主设计建造的各种类型 30 余艘挖泥船陆续下水施工，其中便包括造岛双神器——“天鲸”号和“天鲲”号。

“天鲸”号：亚洲第一绞吸式挖泥船

“天鲸”号自航绞吸式挖泥船，属于大型绞吸疏浚装备。该领域是海洋建设和经济发展的尖端产业，曾被西方国家垄断数十年之久，并对我国实施技术封锁。因此，中国只能自主建设大型绞吸船，“天鲸”号应运而生。该船由上海交通大学和德国 VOSTA LMG 公司联合设计，招商局重工（深圳）有限公司建造，于 2008 年 4 月正式开工，仅用 21 个月的生产周期，于 2010 年 1 月 19 日正式交船，荣获 2019 年度国家科学技术进步奖特等奖，是目前世界上最大的拥有自航能力的挖泥船之一。

“天鲸”号自航绞吸式挖泥船

“天鲸”号总长 127.5 米，型宽 22 米，吃水深度 6 米，设计航速 12 节，总装机功率 20020 千瓦，最大挖深 30 米，最大排泥距离 6000 米，挖掘效率 4500 立方米 / 小时。其技术先进性和结构复杂程度在世界同类船舶中位居前列。

“天鲸”号性能一览

“天鲸”号装备了当时全球最先进的挖泥设备和挖泥自动控制系统，其核心工具绞刀功率高达 4200 千瓦。除了海中的细沙淤泥之外，哪怕是坚硬的礁石，如硬度较高的花岗岩，在“天鲸”号的绞刀面前，也如同豆腐一样柔软。“天鲸”号可适用于各种海况的大型疏浚工程，同时也改变了清除海底岩石的方式，可大大减少海底爆破工程的数量，保障工程安全，减少对海洋的污染。

“天鲸”号造岛的方式也是多种多样，其装配了 3 台高效泥泵，具有强大的吹填造地能力，最大的直接排距达 6 公里，并可以将挖上来的泥沙石块通过驳船，运到其他地方，极大地拓展了疏浚范围，具备无限航区的航行能力，灵活机动，调遣方便，适应能力强；在 8 级海况的条件下，浪高达到 9 米，小型船只有倾覆的危险，而“天鲸”号依靠自动控制增稳系统，仍能稳定执行挖泥任务；能够在坚硬土质定桩，定位精确可靠，可在狭窄水域施工；电气设备与自动控制系统具备目前世界先进水平，具有驱动功率大、启动平滑、控制精确等特点，并且实现了自动挖泥与监控。

虽然“天鲸”号已经足够让我们惊叹，但该船的部分设备仍依靠进口。随后，我国在大型挖泥船领域再次获得突破，建造了新一代造岛神器“天鲲”号。

“天鲲”号：创下多项全球第一的“中国制造”

“天鲲”号是我国首艘自主研发、拥有完全自主知识产权的一款绿色环保、高效智能的重型自航绞吸船，其输送系统能力世界第一，挖掘能力亚洲第一，适应恶劣海况能力全球最强。如果把“天鲸”号比作装甲车，那“天鲲”号就是重型坦克。

“天鲲”号性能一览

“天鲲”号绞刀旋转

“天鲲”号船体长 140 米，宽 27.8 米，型深 9 米，设计吃水深度 6.5 米，设计航速 12 节，总装机功率 25843 千瓦，绞刀额定功率 6600 千瓦，挖深范围 6.5~35 米。船尾拥有巨大的绞刀，可谓削石如泥；船首连接着的“脐带”，形似象鼻。一艏一艉组成了这艘壮观的绞吸挖泥船。

驶向深蓝的“天鲲”号

“天鲲”号搭载的挖掘系统功率亚洲第一，绞刀是整个挖掘系统的核心。在巨大绞刀的作用下，岩石淤泥全部迎刃而解。通过连接到船体的“脐带”，“天鲲”号可以把绞刀绞碎的岩石泥沙，输送到最远15公里以外的指定地点，为当前世界之最。每小时输送的固体疏浚物达6000立方米，相当于600辆大型装载车的工作量。如此惊人的吹沙填海能力，是名副其实的“地图编辑器”和“造岛神器”。

海外施工期间，“天鲲”号还成功“啃”下强度达70兆帕的岩石，挖掘系统性能发挥远超设计标准，且全船电力系统、推进系统、钢桩台车系统、智能集成控制系统等方面，均经受住了实战检验。如今，该船正式具备了在国际疏浚市场的高端竞争力，是中国疏浚史上高新技术与重型装备制造高度融合的里程碑，是我国建设海洋强国、共建“一带一路”的国之重器。

深海“铺路机”——“津平1”号与“津平2”号

横跨伶仃洋，中国工程师在海天之间托举起一项人间奇迹。世界最长的跨海大桥——港珠澳大桥，将香港、澳门和珠海三地连为一体，创造了多项世界之最，被英国《卫报》誉为“新世界七大奇迹”之一。其中最令人称道的，便是当今世界上埋深最大、综合技术难度最高的沉管隧道。所谓沉管隧道，即是放入海底的，由一段段管节相连而成的庞大水下隧道。车辆可在其中行驶。但是海底又怎么会有如此平整的区域，能够让这些管节平稳铺设，并段段精确相连呢？

原来，在管节下水前，必须先做好海底沉管隧道的隧石基床铺设。通俗点说，就是要先将铺设管节的地方挖出来，再做一条“石头褥子”。这样才能便于管节的投放。且为了保证沉管的安装精度，让每一节管节都刚好对上，这条“石头褥子”不仅要平，而且它的高低落差必须要保证在 4 厘米以内。

在深达数十米、能见度不高、地形环境错综复杂的海底，怎样才能铺出一条如陆地公路一样平整，且高低落差只有 4 厘米的“石头褥子”呢？我国科研工作者成功研发了集定位测量、水下抛石、深水整平、质量检测于一体的“津平 1”号自升式碎石铺设整平船。

碎石铺设整平船是助力海底隧道建设、保证管节安全沉放和碎石基床铺设不可或缺的核心装备，因其铺设作业的高效率和自动化，被形象地称为深水碎石铺设的“3D 打印机”。目前，我国制造的碎石铺设整平船在载质量、性能和效率等方面，已经达到世界先进水平。

“津平 1”号抛石整平船

“津平 1”号是当时世界最大的外海抛石整平船，也是唯一一艘具备清淤功能的平台式抛石整平船，可以像吸尘器一样，将海底的淤泥吸走，为后续沉管安装提供保障，创造了在碎石面上清淤的世界纪录。

在服务港珠澳大桥沉管隧道铺设的 1475 天里，“津平 1”号在负荷 600 吨的情况下，行走距离超过 300 公里，相当于从上海到南京的距离；桩腿插拔桩 288 次，使用次数超过 15 个海上石油平台工作寿命内抬升次数的总和；4 根桩腿插桩总深度达 1.8 公里，是马里亚纳海沟深度的 1 倍多；完成基床铺设总面积超过 24 万平方米，相当于 33 个航母码头的面积，并创造了 ±4 厘米高程误差合格率 100% 的工程奇迹。

此外，我国自主研发、具有完全知识产权的自升式碎石铺设整平船“津平2”号，已在江苏南通下水。船体为箱型“回”字结构。船长98.7米、宽66.3米，相当于1个足球场大小；在船身固定的情况下，单个船位碎石铺设整平作业范围达2500平方米，相当于6个标准篮球场大小；在它平整完的地基上建隧道，真可以做到“滴水不漏”。

作为超级工程深中通道的核心装备，世界最大、最先进的自升式碎石铺设整平船，“津平2”号的设计建造均实现了国产化，进一步巩固了我国在海底隧道基础施工领域的领先地位。与“津平1”号相比，该船铺设范围更广，整平效率也更高，速度最高可达每分钟5米，作业寿命更长，桩腿使用寿命长达2000小时。“津平2”号的施工管理系统还解决了施工操作对系统的影响、周边环境对测控精度的影响以及运行速度、精度等因素间的相互影响这三大行业难题。

“津平2”号自升式碎石铺设整平船

海事旗舰——“海巡01”轮

中国海事局（交通运输部海事局）为交通运输部直属行政机构，实行垂直管理体制，履行保障水上交通安全、保护水域环境清洁、保护船员整体权益、维护国家主权和人民利益职责。

“海巡01”轮是我国第一艘兼具海事监管和救助功能的大型巡航救助船，也是目前我国规模最大、装备最先进、综合能力最强的海事公务执法旗舰。

“海巡01”轮总长128.6米，排水量6450吨，最高航速20.8节，续航能力超过10000海里，自持力45天。该船实现船舶自动化系统国产化，主要设备、材料等均选用国产产品。

“海巡 01”轮

作为巡航救助执法一体化的大型公务船，“海巡 01”轮具有信息收集处理和传输、综合指挥、海事监管、海上人命救助（包括夜间）、遇险船舶拖带、对外消防灭火作业、海面溢油回收作业能力，能搭载获救人员 200 人，能对伤病员进行简易的药物、器械和手术治疗；设置中型直升机机库和大型直升机起降落平台，可搭载直升机并配合其进行加油、救生和搜救等作业能力；另具有一级对外消防灭火作业能力和对遇险船舶进行封仓、堵漏、排水、空气潜水等救助能力。

自 2013 年 4 月 16 日列编以来，“海巡 01”轮主要用于在国家管辖水域进行海事监管、海上人命救生和以海上人命救生为目的的船舶救助、海上船舶溢油监测和应急处置、应对海上突发事件、维护国家海洋权益和国际交流合作等。同时，充分发挥其大型巡航救助船综合功能，积极投身长三角区域一体化和海洋强国国家战略大局，成长为中国海事在深远海履职尽责的重要力量。

“海巡 01”轮曾参与马航 MH370 客机搜寻、妥善开展“桑吉”轮碰撞爆燃事故等国内外多起突发事件应急处置；也曾走出国门，开展国际舰船外交，先后对澳大利亚、印度尼西亚、缅甸和马来西亚四国进行友好访问，展示中国负责任大国形象。

执行任务的“海巡 01”轮

海上生命守护神——救捞船舶

在我国，有这样一群为国人筑起海上生命线的无名英雄，他们承担着对中国水域发生的海上事故的应急反应、人命救助、船舶和财产救助、沉船沉物打捞、海上消防、清除溢油污染及其他对海上运输和海上资源开发提供安全保障等多项使命，还代表中国政府履行有关国际公约和海运双边协定的义务。他们就是鲜为人知的海上救捞人，是用血肉之躯守护生命安全的超级英雄。

向死而生的海上“逆行者”

中国救捞系统于1951年8月24日成立，截至2020年11月，共执行应急救助抢险打捞任务20700起，共救助遇险人员81607名（外籍人员12455名），救助遇险船舶5375艘（外籍船舶945艘），打捞沉船1825艘（外籍船舶99艘）。完成每一次救援任务，不仅需要“把生的希望送给别人，把死的危险留给自己”的崇高信念，更需要有先进的救捞装备提供支撑保障。

护人民海上安宁

“南海救102”轮就是这样一艘具备深远海搜寻能力的专业救助船。它是中国第一艘自行设计建造的全天候大功率海上专业救助船，同时具备空中、水面、水下综合搜寻能力，是中国救捞系统部署在南海海区最先进的专业救助船，在海上人命救助以及其他自然灾害、事故灾难的应急救援中，发挥着积极作用。“南海救102”轮长127米，宽16米，满载排水量达到7300吨，续航力达到16000海里，可航行于所有航区。

针对大风浪等恶劣海况，“南海救102”轮安装了DP2动力定位系统、万米超短基线定位系统、直升机机库等设备，可搭载中型直升机，具备大型直升机起降并进行加油、救生和搜索等作业的能力，具备一流的操作性、稳定性和耐波性，能在12级风浪中执行救助任务，单次可救助遇险人员200人。此外，“南海救102”轮搭载了6000米深海拖曳系统、6000米自主式无缆潜航器等深海搜寻设备，为水下搜寻设备提供可靠作业平台，使其具备了遇险船舶、失事航空器搜寻等深远海综合搜救能力。

“南海救 102”轮

我国自主研发的“华洋龙”轮，是一艘电力驱动、具备定位能力、可在无限航区航行作业的自航半潜打捞工程船，也是全国打捞系统“十二五”期间装备建设的三大重点项目之一。船身总长 228.12 米，宽 43.00 米，型深 13.50 米，载重 52500 吨。其电力推进系统配置 3 台 4500 千瓦吊舱式永磁主推进电机，配有 4 台 5760 千瓦主柴油发电机，总容量达 23040 千瓦；船首部配 2 台 2750 千瓦管隧式侧推。

“华洋龙”轮不仅可用于大型船舶应急抢险打捞，破损船舶的装载调遣，水上遇险的各类军事 / 民用船舶、器材、航空航天器等的抢险打捞和防止海上油污染，同时兼顾海洋石油、天然气勘探开采所需大型海上装备的装载运输，如大型钢结构件、各类平台、导管架、平台组块等。

独一无二的功能配置，是该船最大的特点，不仅具备大吨位船舶整体打捞的能力，而且结合使用动力定位功能与下潜功能，填补了我国在深水整体打捞大吨位船舶配套方面的空白。同时，“华洋龙”轮在动力定位、快速下潜、甲板承载、推进安全冗余等方面，均达到了世界领先水平。

“华洋龙”轮的成功建造，填补了国内打捞系统多项空白，不仅大幅度提升了我国大吨位、大深度打捞能力，对提升国内打捞救助及运输能力具有重大的意义；同时还将增强我国履行国际公约的能力，提高我国的国际地位。

“华洋龙”轮

“中国制造”显神威——振华港机

当前，中国正在加速融入全球产业链。“十三五”期间，中国货物贸易规模连年位居世界第一，货物进出口总额占全球份额超过 10%。2020 年，我国货物贸易进出口总值更是达到 32.16 万亿元，再创历史新高。

作为全球贸易的主角，我国以高效运营的港口和技术先进的港口机械装备，吸引着全世界的目光。经过多年的发展和积累，中国已经在港机行业取得世界领先的地位。其中，振华重工功不可没，已经成为全球最大的港机重型设备制造商。

在世界上最大的港机制造基地，超过 100 台颜色不一的港机被运往不同国家的不同港口。中国港机装备占全球份额已超过 80%，“中国制造”在搬运着整个世界。这些体型庞大、种类繁多的港口设备，是现代化港口从事装卸运输生产必不可少的“主力军”，也是港口生产质量保证体系的重要组成部分。

振华重工出品的超级岸桥，运抵荷兰鹿特丹港

振华重工以港口机械起家，首创环保、安全、高效的全自动化集装箱码头装卸系统，采用双 40 英尺箱岸桥、全自动化分配系统和自动化轨道吊，使码头的装卸效率得到极大的提高；集装箱机械产品已覆盖全球 104 个国家和地区约 300 个码头，占有全球 70% 以上的市场份额；散货装卸设备如装卸船机、斗轮堆取料机、环保型链斗卸船机等产品销量也居世界前列；可建造全球最大的门式起重机，门式起重机是建造航空母舰的关键设备，英国最大的两艘航空母舰“伊丽莎白女王”号和“威尔士亲王”号，其建造过程中使用的正是振华重工的设备——1000 吨级门式起重机“歌利亚”。振华重工门式起重机的战略意义可见一斑。

三、铁路密布：一日千里走神州

（一）铁路建设屡创奇迹

中国高铁的“领头羊”——京津城际铁路

高速铁路，简称高铁，一般是指设计时速 250 公里以上的客运列车专线铁路，它是铁路“现代化”的集中体现。第一条现代意义上的高铁，是日本为迎接东京奥运会，于 1964 年建成的东海道新干线，比世界上第一条铁路——英国于 1825 年建成通车的斯托克顿——达林顿铁路晚了一个多世纪。所以，高铁算是铁路家族的“后起之秀”。

1978 年 10 月，邓小平同志访问日本，乘坐投入商业运营的日本东海道新干线列车后，感慨地说“就感觉到快，有催人跑的意思，我们现在正合适坐这样的车”。此后，建设高速铁路，成为国人的夙愿。

30 年后，在 2008 年 8 月 1 日，北京奥运会即将举办之际，我国第一条具有自主知识产权、当时运营速度世界最快的高速铁路——京津城际铁路建成通车。自此，中国铁路正式“驶”入了高速时代。

“复兴号”动车组列车驶出北京南站

京津城际铁路，起自北京南站，终点为天津站，全长约 120 公里，作为我

运行在京津城际铁路上的“和谐号”动车组列车

国“最早开工建设”和“最先建成投产”的高速城际铁路，可谓是我国高铁时代的“领头羊”，具有重要的示范和引领作用。

京津城际铁路采用了全自动电子控制驾驶系统，即使在恶劣的气候条件下，也可以安全运行。从北京到天津，列车直达运行时间约为30分钟，对于习惯于市内交通动辄数小时的北京市民而言，半小时的通行时间已经“很幸福”；最小行车间隔也只有3分钟，这种“公交化”的发车频次，也让京津两地人民的“双城”生活变得日趋普遍和更加便利。

2018年8月1日，京津城际铁路迎来开通运营10周年。当天，京津城际铁路全部更换为更先进、更舒适的“复兴号”中国标准动车组列车。8月8日起，列车时速又提至350公里。

运行在京津城际铁路上的“复兴号”中国标准动车组列车

俗话说，“高铁好不好，乘坐就知道”。京津城际铁路，不仅是往来京津两地旅客的首选，连许多来华访问或者对中国高铁感兴趣的各国政要，也都会选择乘坐京津城际列车，体验一把不一样的“中国速度”。10多年来，先后有60多个国家、300余名政要考察体验过京津城际铁路，他们对京津城际铁路的运营速度、良好的线路平顺性和舒适性都留下了深刻印象。

据统计，京津城际铁路的桥梁长度占到了线路总长的87%。大家都知道，对于同样的距离，建一座桥的成本肯定比修一条路要高得多。但京津城际铁路却不惜高价“以桥代路”，这背后有何“苦衷”呢？

为什么要“以桥代路”？

“地基”基础决定上层建筑

大家经常听到，“经济基础决定上层建筑”，它准确传达了“基础”对“上层建筑”的重要性和决定性。京津城际铁路不惜高价“以桥代路”，是因为铁路沿线存在大量的软土、松软土地基。这类土质不仅含水率高、压缩性高，而且透水性差、强度低，如果在这类土质上直接铺设无砟轨道，就像直接在豆腐上修铁路，国内外尚没有成熟的经验。

但是，聪明的中国技术人员发现“以桥代路”可以巧妙解决这个技术难题，因为路是修在连续的路基“面”之上的，而桥则是建在一个个分散的桩基“点”之上的。“以桥代路”，相当于化面为点、化繁为简，它只需解决好局部的桥基稳定性问题。

降低线路沉降

“以桥代路”还可以较好地控制线路沉降，因为桥梁桩基一般要打到坚硬的岩石层，相当于从源头上控制了沉降的可能性。而且，桥梁桩基的深度和大小还可以根据地质情况进行灵活调整。有人说，国外10年、20年才能建成一条高铁，而中国只用三五年就建成一条，连让线路稳定沉降的时间都不够。其实这是一种误解，因为“以桥代路”的设计方案已经完美地降低了线路沉降。

提高平顺性和舒适度

因为京津城际铁路是时速350公里的高速铁路，为了提高乘客的舒适度，就需要提高线路的平顺性，也就是线路不能有太多太急的弯道，也不能有太多太大的起伏。用专业词汇描述，就是需要截弯取直、减小坡度，而这正是桥梁工程的优势所在。

节省宝贵的土地资源

京津城际铁路途经北京、天津两大直辖市，沿线经济发达，道路纵横交错，土地资源极其宝贵。经过综合技术经济比选，京津城际铁路广泛采用了桥梁替代传统路基——“以桥代路”的方式，这样每公里桥梁平均节省土地44亩（1亩约为666.67平方米）。这样算下来，仅一条京津城际铁路就节约土地4590余亩，相当于400多个足球场大小。虽然“以桥代路”会使高铁本身的造价有所提高，然而随着近几年来征地成本的不断增加，“以桥代路”的这一“缺点”反而成了“优点”。

事实上，京津城际铁路不仅为服务2008年北京奥运会和推动京津冀协同发展发挥了巨大作用，也为中国高铁的运营管理提供了技术和经验积累，并培养出一批中国高速铁路发展和建设的探路人与先行者。京津城际铁路工程也因其世界先进的技术水平和对经济社会的巨大贡献，先后获得火车头优质工程奖、中国土木工程詹天佑奖、新中国成立60周年“百项经典建设工程”和2012年度国家科学技术进步奖一等奖等一系列重大荣誉。

高速铁路的“标杆”——京沪高速铁路

“世界高铁看中国，中国高铁看京沪”。

京沪高速铁路，简称京沪高铁，又名京沪客运专线，是我国《中长期铁路网规划》中“八纵八横”高速铁路网的重要“一纵”，也是连接京津冀和长三角的高铁经济走廊。它始于北京南站，终于上海虹桥站，全长1318公里，设计最高时速 380 公里，总投资约 2209 亿元。作为国家战略性重大交通工程和重大创新工程，它创造了“一次建成里程最长”“线路标准最高”“运行速度最快”等多项世界纪录。京沪高铁一直以来被誉为高速铁路的“标杆”工程。

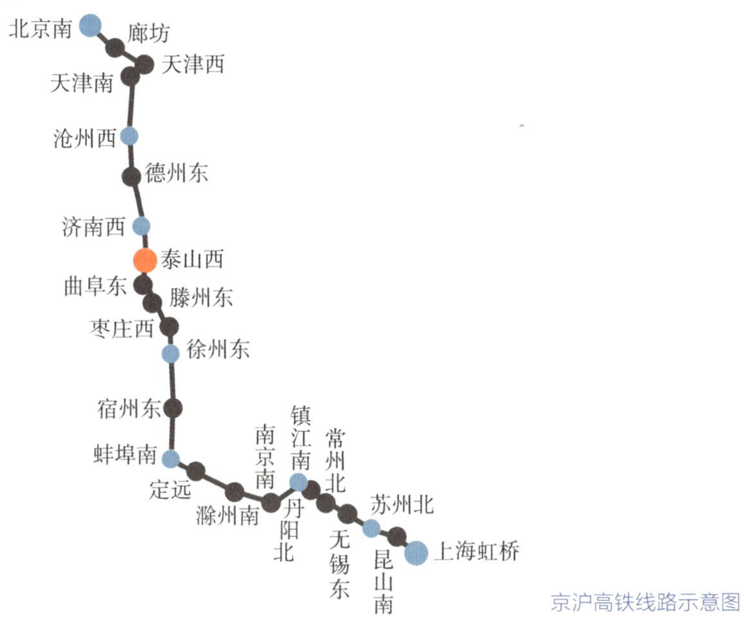

京沪高铁线路示意图

“梅花香自苦寒来”。京沪高铁在开工前，经历了铁路建设史上最长久、最严谨的科研论证，从 1990 年 12 月铁道部完成《京沪高速铁路线路方案构想报告》，到 2008 年 4 月全线开工建设，经历了近 20 年的科研和技术攻关。但从 2008 年 4 月开工建设，到 2011 年 6 月 30 日京沪高铁全线正式通车，只用了 3 年的时间。

京沪高铁徐州段

京沪高铁建成后，又成为高速铁路网中最高效、最繁忙的铁路线之一。因为京沪高铁通车后，从北京到上海仅需 4 个小时，即便想当天赶个来回也丝毫不用“太紧张”，轻轻松松就可以“千里京沪一日还”。据统计，截至 2020 年 10 月，京沪高铁累计运送旅客将近 13 亿人次，这几乎相当于把全国人民给运送了一个遍。

对于“高时速”“高运量”双重压力，京沪高铁是如何保障列车的行车安全性和稳定性的呢？

车又多又快，安全怎么办？

作为国家重大创新工程，京沪高速铁路工程做了大量的科研创新，涵盖土建、动车、运行控制、高速接触网、检测验证等多个方面。这些成果当中，有一项了不起的就是“构建时速 350 公里的 CTCS-3 级高速铁路运行控制系统技术”。有了它，飞驰的列车在控制系统界面上看上去“密密麻麻”，犹如“蚂蚁搬家”，但多而不挤、快而不乱，在控制系统科学合理的监控和调配下，始终有条不紊地运行。

另外，为了确保行车安全性和稳定性，单根钢轨的长度就要加长。通常，时速 200 公里以上的高速铁路，需要铺设单根长度达到 100 米的钢轨，而像京沪高铁这样时速可高达 350 公里的铁路，则需要铺设单根长度达到 500 米的钢轨！

这么长的钢轨是如何制造出来的呢？其实它并非一次成型，而是由 5 根 100 米长的钢轨焊接而来。当然，这对焊接技术和工艺品质又提出了新要求。

经历了近 20 年的科研和技术攻关，京沪高速铁路工程获中国发明专利 51 项、中国实用新型专利 114 项、中国外观设计专利 5 项、中国软件著作权

8 项、中国国家级工法 9 项，形成了时速350 公里高速铁路理论体系，建成了高标准和高平顺性的基础设施，研制了高速铁路重大技术装备，研发了安全运营保障技术等，拥有了具有自主知识产权的技术和标准。2016 年 1 月 8 日，京沪高速铁路工程荣获 2015 年度国家科学技术进步奖特等奖。

运营中的京沪高铁

冰上高铁——哈大高速铁路

哈大高速铁路，简称哈大高铁，又名哈大客运专线，北起黑龙江省哈尔滨市，南抵辽宁省大连市，线路纵贯东北三省，是中国东北地区的干线铁路之一。线路全长 921 公里，为双线电气化铁路，基础设施按时速 350 公里建设，沿途共设 24 个车站。哈大高铁于 2007 年 8 月 23 日开工建设，2012 年 12 月 1 日开通运营。

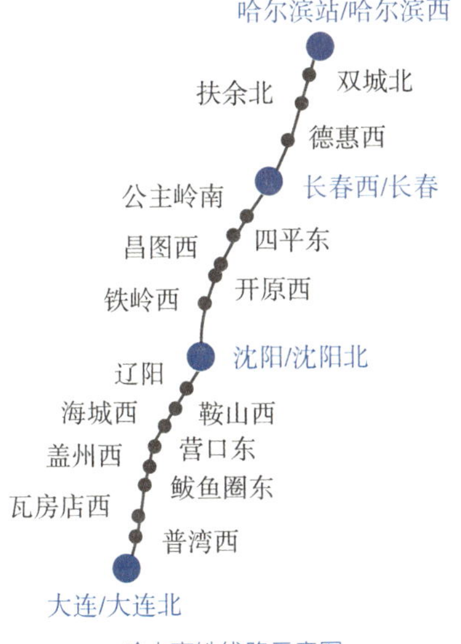

哈大高铁线路示意图

哈大客运专线是我国《中长期铁路网规划》“四纵四横”客运专线网中京哈客运专线的重要组成部分，是我国首条在严寒地区设计建设标准最高的高速铁路。因为“出生”在冰天雪地里，哈大高铁需要比一般的铁路更耐寒耐冻，专家们就需要解决“路基防冻胀”“接触网融冰”“道岔融雪”三大技术难题。

哈大高铁

延伸阅读

哈大高铁的三大技术难题

路基防冻胀

由于我国东北地区冬季漫长且气候严寒，所以铁路路基中的水分会随着外界温度的变化，在水与冰之间转化。我们都知道，水冻成冰之后体积会增大，所以一旦铁路路基中的水因低温结冰，就会使路基发生冻胀，严重时会导致铁轨变形，非常危险。而当气温回升、冰化成水的时候，路基又可能一下子变得松松垮垮，同样会给高铁运行带来诸多安全隐患。

为了解决路基冻胀问题，建设团队几经钻研，终于给出了合理的解决方案，那就是从材料配比上入手——在路基内填筑非冻胀性填料。水分是路基冻胀的根源，但如果没有水分，路基又会变成一盘散沙，在这种情况下，就需要精确控制路基中的含水率。适当比例的水，既可以起到稳固路基的作用，又不至于在冬季发生明显冻胀。

接触网融冰

大家都知道雾凇、冰挂等现象是如何形成的吧？空气中的水分或者大气降水，在寒冷空气中迅速冻结成冰，并且在其他物体上借势蔓延……如果是当作风景来欣赏，它们确实很美，但如果是在高铁沿线，这个现象可就不怎么美妙了，尤其是为高铁供电的接触网，在寒冷季节非常容易结冰。列车在铁轨上飞驰，大冰坨子却在头顶高悬，想想都让人胆战心惊！

因此，技术人员为哈大高铁的供电系统设计了接触网融冰装置，让那些威胁高铁的冰块找不到“安家”的地方。

道岔融雪

大家在日常生活中都有体会，即便是在骑自行车、乘坐汽车的时候，如果车轮轧到一块石头，车身也会发生颠簸，情况严重时甚至会导致翻车。那么，列车如果以300公里的时速轧到铁轨上的一个冰坨子，会造成什么后果？大家一定会不寒而栗地想到“脱轨”二字吧？

所以，哈大高铁在铁轨、道岔等关键部位专门设置了电加热融雪装置，相当于给高铁沿线都装上了“暖宝”，使得行车安全不再受严寒结冰的困扰。

解决了上述三大技术难题，哈大高铁不仅能承受80℃的极限温差，列车车体也具备了抗雷电、抗风沙等安全性能。即便在严冬雪原上高速运行，车厢内的温度也会恒定为22℃，让乘客感受到春日般的暖意。

但在安全运营方面，哈大高铁又遇到了“新难题”——冬季和夏季需要实行不同的运营图。

从“两张图”到“一张图”

哈大高铁是全球首条投入运营的新建高寒地区长大高铁。为确保冬季运营安全，在通车运营初期，哈大高铁实行冬季和夏季两张列车运行图，分别按时速200公里和300公里两个速度等级，开行动车组列车。

经过连续3年冬季运营，铁路部门探索研究出了一整套克服季节性冻土影响、控制高铁冬季冻胀的办法，积累了有效应对恶劣天气的安全运营经验，为优化运行方案创造了条件。自2015年12月1日起，优化运行方案实行冬夏一张运行图，全年按时速300公里运行。

哈大高铁冬夏同一张运行图，标志着中国铁路全面掌握了高寒地区的高铁建设、运营和维护技术。据统计，仅哈大高铁开通的前5年，累计安全开行动车组列车33万列，成功应对102场风雪考验，彰显了中国高铁的非凡实力。

哈大高铁的开通，不仅极大缩短中国东北三省主要城市间的时空距离，为东北区域经济一体化创造条件，而且能释放东北地区铁路货运能力，沈大线每年可增加货运能力1150万吨，京哈线沈阳至哈尔滨区段每年可增加货运能力1000万吨，极大缓解了哈大铁路通道运输能力紧张局面。以哈大高铁为南北主轴的东北铁路网，通过与秦沈客运专线衔接，融入中国高铁路网，形成了以沈阳、长春、大连等城市为中心的2小时经济圈、各主要城市到北京4~6小时经济圈，为东北的振兴发展注入生机活力，号称东北的“黄金线”。

南北大通道——京广高速铁路

经过金黄色麦田的京广高铁列车

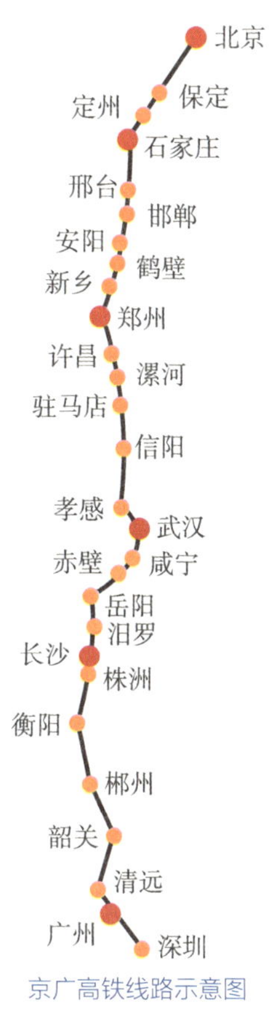

京广高铁线路示意图

京广高速铁路，简称京广高铁，又名京广客运专线，自北京西站至广州南站，全长 2298 公里，是世界上运营里程最长的高速铁路。全线共设 37 个车站，设计最高时速为 350 公里，运营时速为 300 公里。京广高铁是京港高速铁路（北京至香港）的重要组成部分，更是我国《中长期铁路网规划》中“八纵八横”高速铁路的重要“一纵”，因其呈南北走向，又被称为“南北大通道”。

“特长生”的苦恼

京广高铁因为“特长”而出名，但也因为“特长”，就需要跨越更多的山山水水和沟沟壑壑，在建设过程中会遇到更多困难。京广高铁郑武段因跨越京港澳高速公路、沪汉蓉快速客运通道，施工安全难度加大；大瑶山隧道群、木兰隧道、黄龙寺隧道、浏阳河隧道等隧道施工经过岩质软弱、裂隙发育、岩体破碎、多断裂带、大涌水量和高压强富水岩溶发育区等异常复杂地质地区，施工风险大，建设难度更大。

善于学习，敢于超越

京广高铁在京津及其他高速铁路建设技术的基础上进行消化吸收，开创了水泥沥青砂浆（CA 砂浆）原材料基准样比对试验管理技术，掌握了 CA 砂浆灌注和有效控制 CA 砂浆离缝施工技术，优化了无砟轨道宽窄接缝、侧向挡块设计和施工技术，建成了世界上第一条在山区和长大隧道中

京广高铁上的隧道

的无砟轨道，这也标志着我国已掌握了在山区和长大隧道内修建无砟轨道等成套关键技术。

环保标兵，节约典范

京广高铁站房大量使用新型节能环保建筑材料，站场全部使用无柱风雨棚，采光性能好，场地功能齐全通透，旅客进出、购票、候车、乘降路径简捷顺畅，且与公路等其他交通方式衔接合理，实现“零距离”换乘。和京津城际铁路一样，京广高铁也大量采用“以桥代路”设计，全线桥隧比达81%，既保证了线路质量和运营安全，又节约了大量的土地资源。

京广高铁上的桥梁

辐射带动，效益显著

京广高铁辐射带动作用强，把环渤海经济圈、中原城市群、关中城市群、武汉城市圈、长株潭城市群、长三角经济圈、珠三角经济圈等经济区紧密联系在一起，纵贯北京、河北、河南、湖北、湖南、广东 6 个省（直辖市），串起首都北京和石家庄、郑州、武汉、长沙、广州 5 个省会城市及众多中等城市，有效降低社会时间成本，实现客流、物流、资金流、信息流的加速流动，对促进区域经济社会协调发展起到了巨大作用。同时，京广高铁及其延伸线广深港高铁共同组成了京港高铁。

此外，利用高铁的物流体系，其成本相比航空运送至少能节约 50%，且受天气制约的因素比航空要小得多。此前，国内快件依靠铁路等运输的还不足 5%，京广高铁的全线贯通，对快递行业无疑是一个利好消息。

西部大通道——兰新高速铁路

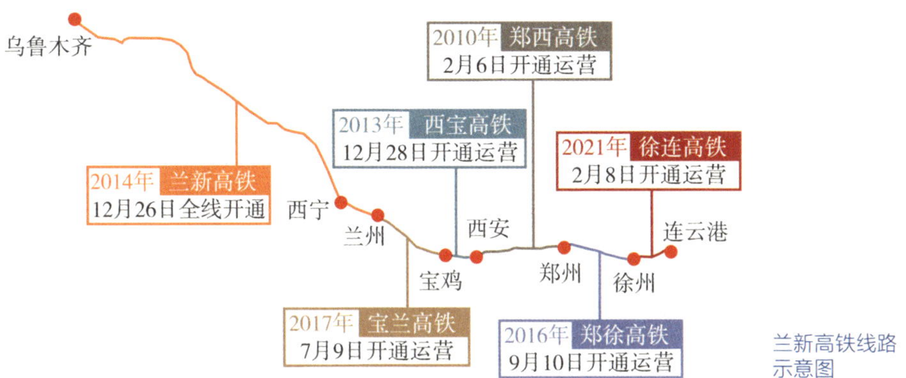

兰新高铁线路示意图

兰新高速铁路，简称兰新高铁，是我国首条在高原、高海拔、戈壁荒漠区修建的高速铁路。这条高铁不但是我国《中长期铁路网规划》的重点项目和亚欧大陆桥铁路通道的重要组成部分，同时也是世界范围内一次性建成的通车里程最长的高速铁路。

兰新高铁于 2009 年 11 月 4 日正式开工建设，2014 年 12 月 26 日全线完工并开通运营。这条“西部高铁大动脉”东起兰州西站，西至乌鲁木齐南站，总长达到 1776 公里，全线共设 21 个客运车站，初期设计时速为 250 公里、运营时速为 210 公里。

寒暑风沙全不怕

为了抵御高寒风沙，兰新高铁运营采用适合在高寒、高温、强风沙环境下运行的 CRH2G 型动车组车体。这款完全由我国自主研发的新型高铁列车，除了能经受 ±40℃范围的巨大温差考验，还能在 11 级大风下安全运行，3 道防沙尘“保护罩”，让列车无惧大西北的飞沙走石。加之在线路各个关键节点处安装有总计 462 公里长的防风保护性工程，各种“武装措施”把这条高铁打造成了名副其实的“风寒战士”，堪称世界上“最拉风”的高铁，也为该类区域发展快速铁路和高速铁路积累了宝贵的探索经验。

穿越山河的兰新高铁

“新引擎”和“助推器”

兰新高铁的建成，有效释放了我国西北铁路网的货运能力，成为带动丝绸之路经济带建设的“新引擎”。这不但有利于吸引周边各经济区的商贸货源，而且还能为进一步开拓中亚、西亚和欧洲市场打下良好基础，为我国“打开门做生意”、挖掘国际贸易潜力作出重要贡献。

同时，兰新高铁还带火了西北旅游业，成为西部旅游经济发展的“助推器”。兰新高铁沿途人文资源丰厚、旅游景区众多，但长期以来，由于西北地区基础设施建设落后、交通闭塞，多数游客不太愿意将其作为旅游首选。而在兰新高铁建成之后，不仅游客的路途时间大为缩短，且原先较为分散的景点，还被高铁这条纽带整合起来——上午兰州吃拉面、下午张掖看丹霞、晚上嘉峪关吃烤肉，不再是奢望。到了夏季，还可以沿途欣赏美丽的油菜花海。

兰新高铁的建成，使新疆与内地间形成一条全天候、大能力的高速铁路客运通道，大大缩短了行车时间。兰新高铁也在甘肃、青海、新疆三省（自治区）之间形成一条新的大能力快速铁路通道，进一步完善了西部铁路网结构，推进“一带一路”建设，为西部地区经济腾飞增添动力。

盛夏七月，西北偏北，
列车飞驰在兰新高铁上

兰新高铁线上动车组列车
穿越甘肃山丹马场祁连山下的
油菜花海

智慧高铁——京张高速铁路

京张高速铁路，简称京张高铁，是一条连接北京市与河北省张家口市的城际高速铁路，是《中长期铁路网规划》中“八纵八横”高速铁路主通道中“京昆通道”“京兰通道”的重要组成部分，是北京2022年冬奥会的重要交通保障设施。

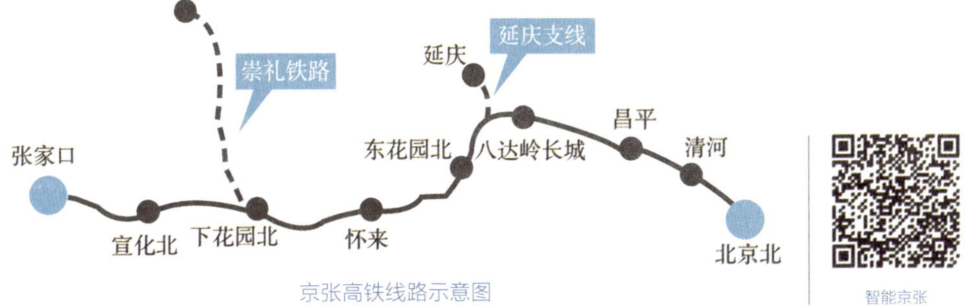

京张高铁线路示意图

智能京张

京张高铁于 2016 年 4 月 29 日开工建设，2019 年 12 月 30 日正式开通运营，线路全长 174 公里，共设 10 个车站，是世界上第一条在高寒、大风沙地区修建的设计时速可达 350 公里的高速铁路，也是我国首条“智慧铁路”。

京张高铁“复兴号”动车组驶出新八达岭隧道

为什么说京张高铁是一条充满“智慧”的高速铁路呢？因为它在建设、设备、运营上，都大量采用了先进的智能化技术，开启了“三位一体”的全新智能高铁模式。

延伸阅读

京张高铁的三个“智慧”法宝

智能化建设

在京张高铁的建设过程中，就充分体现了“智慧”二字。由于这条高铁线路需要穿越北京市核心区域，途中经过 3 处地铁线、7 处重要城市道路、90 余条重要市政管线，为了不破坏名胜古迹、不影响城市生活，建设团队自主研发了可视化智慧施工系统，使施工参数、过程监测、地质预测等实现可视化动态管理，让整个机械化施工作业环环相扣、严丝合缝，达到精准施工的效果。

智能化设备

工欲善其事，必先利其器。要保证智能化系统正常运行，智能化设备必不可少。如全国首个大盾构智能控制中心；能直联搭载几千个传感器、世界最先进“天佑号”盾构机；应用BIM技术、三维可视化监控、盾构云平台指挥、自动化监控量测等措施，实现了智能模拟、精准预测、提前预警、实时修正；接触网腕臂自动预配平台能提前分配材料，大大降低人力成本；自动控制降水与预警系统能监控降雨情况，深孔测斜监测系统能检测渗水情况。此外还有新型材料机器人喷涂防水、增强现实（AR）辅助施工智能安全帽、集水槽安装安全操作平台等“黑科技”。

智能化运营

京张高铁是我国第一条采用自主研发的北斗卫星导航系统的智能化高速铁路，也正是基于北斗卫星和地理信息系统（GIS）等先进技术，京张高铁率先实现了全流程智能化运营。线路配备实时监测系统，全程为高铁运行做“体检”：全线的每一节钢轨、每一座桥梁和车站，都通过敏锐的传感器连接至监测中心，零件是否老化、路基是否沉降、照明是否损坏……全都能做到一目了然。

另外，京张高铁所采用的最新型智能动车组，可在350公里时速下实现“自动驾驶”，发车运行、精准停车、开门防护等步骤，可以完全脱离人工操作自主完成。高铁车体不但能抵御零下40℃的严寒，还融入了当今最为热门的5G技术，利用高速互联网打造“媒体车厢”，为广大乘客带来畅快的通信和多媒体视听体验。试想一下，到2022年可以“坐着高铁看冬奥”，将是多么令人兴奋和惊喜！

事实上，京张高铁不仅天生“聪明”，而且具有强大的“带货”功能。

因为有了京张高铁，从北京清河站出发，不到 20 分钟就可以抵达著名景点八达岭长城。而高铁八达岭长城站就在八达岭长城地下 102 米，是当今世界上最大、最深的高铁站。从这里登上长城，被广大旅游爱好者推捧为“最炫酷”的游览路线！

除此之外，这两年吸引无数游客纷纷前来打卡体验的“开往春天的列车”，也是京张高铁开通后带给大家的又一福利。

京张高铁的顺利开通和成功运营，为我国交通运输事业再添一项令人瞩目的成就。它不但能起到促进西北地区与京津冀地区协同发展的关键作用，也标志着北京 2022 年冬奥会的配套建设工作取得了重要进展。

京张高铁上“开往春天的列车”

京张高铁跨越官厅水库

新中国建成的第一条铁路——成渝铁路

成渝铁路是连接四川省与重庆市的国铁Ⅰ级客货共线铁路[①]，是新中国成立以来兴建的第一条铁路，呈东西走向，全长505公里，共有车站60个，为中国西南地区的干线铁路之一。

1949年以前，清政府和民国政府用了40年时间，只完成了工程量的14%。新中国成立后，百废待兴，面临着西南刚刚解放、战争尚未完全平息、社会秩序尚未安定、国家财政相当困难等各种不利因素。为了西南人民，党中央和政府决定在这样艰难的条件下，立即开始兴建成渝铁路。1950年6月，成渝铁路开工。党中央确定了“就地取材”的修建原则，先后发动了3万多解放军和10万民工参加工程建设，尽管是用灯笼、火把照明，钢钎、大锤、十字镐开凿，仍彰显了让高山低头、令江水让路的英雄气概。工程于1952年6月竣工，比原计划提前3个月。1953年7月30日，成渝铁路正式交付运营。

成渝铁路通车

成渝铁路是中国西南地区的第一条铁路干线，是新中国成立以前任何时代不可想象的奇迹，在中国铁路发展史上具有极其重要的意义。它的建成，不仅实现了四川人民半个世纪的夙愿，体现了中国共产党的执政能力和为人民服务的情怀，还拉开了新中国大规模进行经济建设的序幕，对新中国成立初期四川、重庆乃至整个西南地区国民经济的恢复，都有着重大的历史意义。

① 国铁Ⅰ级全称为“国家铁路一等级别”，是中国铁路等级中的一种类型。按国铁Ⅰ级标准规划设计或施工建设、由国家铁道部门直接经营管理、拥有强大运输能力或重大政治效应的铁路，包括快速铁路和骨干普速铁路，在铁路网中起绝对的骨干作用，地位仅次于高速铁路。

成渝铁路通车后，西南地区的丰富物产源源不断地被运往祖国各地，沿线经济得到飞速发展，对发展工业、繁荣经济、改善西南人民的生活起到了非常重要的作用。时至今日，成渝铁路仍是联系成都与重庆及其所辐射的川西川东地区的重要交通干线。

随着改革开放步伐的加快，成渝线不仅使用上了电气集成设备，还于1987年12月实现了电气化。1998年，全线运能达到2876万吨，是新中国成立初期设计能力的14倍多。2004年，成都至内江段完成应急扩能改造，运输能力进一步提升。2012年，成都至内江段图定通过能力37对，实际开行列车36.6对，能力利用率98.92%。2017年4月印发的《四川省“十三五”综合交通运输发展规划》中，提出对成渝铁路等既有干线铁路进行扩能改造。

世界屋脊上的“钢铁巨龙”——青藏铁路

青藏铁路东起青海西宁，南至西藏拉萨，全长1956公里。其中格尔木至拉萨段长1142公里，位于海拔4000米以上的地段长960公里。

青藏铁路是世界上海拔最高、线路最长的高原冻土铁路，面临着多年冻土、高寒缺氧、生态脆弱三大世界性工程难题，建设施工和运营管理难度之大、设备可靠性和安全性要求之高，在世界铁路史上前所未有。青藏铁路通过多年冻土地段550公里，属于低纬度高海拔多年冻土，具有热稳定性差等特点。建设者在研究试验、勘察设计和施工技术等方面积极探索，确立主动降温、冷却地基、保护冻土的设计思想，创造性地综合采用了片石气冷路基、热棒路基、以桥梁跨越特殊不良冻土地段、防冻胀隧道衬砌结构等成套冻土技术措施，保证了多年冻土工程安全稳定。

青藏高原生态环境脆弱，铁路穿越三江源等自然保护区，环境保护任务艰巨。在设计施工中，开展了野生动物、高寒植被、多年冻土、江河源水质保护等方面的综合研究和创新实践，保护了生态环境，实现了工程建设与自然环境相和谐。建好、管好、用好这样一条铁路，不仅是对我国综合国力和科技实力的检验，也是对人类自身极限的挑战。在建设和运营过程中，全体参建人员和铁路职工发扬“挑战极限、勇创一流”的青藏铁路精神，奋战在条件异常艰苦的雪域高原，以惊人的毅力和科学的态度，战胜了各种难以想象的困难，实现了建设世界一流高原铁路的目标。

列车行驶在青藏铁路

为确保运营安全持续稳定，青藏铁路在国内首次采用先进的铁路综合数字移动通信系统（GSM-R），采用自主研发的调度集中系统（CTC），实现远程调度指挥；首次采用基于 GSM-R 和 GPS 卫星定位技术的信号联锁-列控一体化系统；安装自动道岔融雪装置。首次在高原实现 35 千伏超长距离供电，采用先进的电力远动系统。建立综合监控系统，实现对设备的远程监测、诊断和环境监测。建立集中处理的运营管理信息系统。牵引动力采用高原大功率内燃机车，旅客列车采用密封性能好、安装供氧设备的高原客车。各项技术装备能够在高原高寒、低气压、强紫外线辐射环境中稳定工作，有效降低维护成本。

雪山下的青藏铁路

2006 年 7 月 1 日，青藏铁路全线正式通车运营。开通运营以来，工程设施保持稳定，旅客列车运行时速达 100 公里，创造了高原冻土铁路运行时速的世界纪录。2009 年 1 月，青藏铁路工程荣获 2008 年度国家科学技术进步奖特等奖；2008 年 7 月，青藏铁路格拉段工程获“国家环境友好工程”称号，这是中国建设项目在环境保护领域的最高荣誉。

双线电气化重载铁路——大秦铁路

大秦铁路，也称大秦线，西起山西大同，东至河北秦皇岛，全长 653 公里。为促进山西煤炭能源基地的开发和建设，增加晋煤外运通道，扩大“三北”地区煤炭运输能力，1992 年，我国第一条双线电气化重载运煤专线——大秦铁路建成，横贯山西、河北、北京、天津，是中国西煤东运的主要通道之一。

大秦铁路穿山越岭

2006 年，大秦铁路就已担负着全国六大电网、五大发电公司、380 多家主要电厂、十大钢铁公司和 6000 多家工矿企业的生产用煤和出口煤炭运输任务。

为最大限度发挥大秦铁路作用，有效缓解煤炭运输紧张状况，自 2004 年起，铁道部对大秦铁路实施持续扩能技术改造，大量开行 1 万吨和 2 万吨的重载组合列车，全线运量逐年大幅度提高。到 2008 年，运量突破 3.4 亿吨，成为世界上年运量最大的铁路线。2010 年 12 月 26 日，大秦铁路提前完成年运量 4 亿吨的目标，为原设计运能的 4 倍，创造了世界重载铁路运输新纪录。

大秦铁路上的桥梁

一分钟，大秦铁路会发生什么？

大秦铁路的建成通车，标志着中国铁路重载运输成套技术装备取得质和量的双重突破，我国铁路重载运输跨入世界先进行列，为建设大能力铁路运输通道和实现内涵扩大再生产，起到了示范作用。

2009 年 1 月，“大秦铁路重载运输成套技术与应用”荣获 2008 年度国家科学技术进步奖一等奖。

“公转铁”的模范生——浩吉铁路

浩吉铁路全长 1813.5 公里，北起内蒙古自治区鄂尔多斯市浩勒报吉南站，途经内蒙古、陕西、山西、河南、湖北、湖南、江西 7 个省（自治区），终于京九铁路吉安站，是中国“北煤南运”新的战略通道，也是世界上一次性建成并开通运营里程最长的重载铁路。浩吉铁路是纳入国家“十二五”发展规划、“十三五”发展规划纲要和《中长期铁路网规划》的重大项目，为首批基础设施等领域鼓励社会投资的 80 个示范项目之首。

浩吉铁路开通
首发列车

浩吉铁路一次跨越长江、两次跨越黄河，由北向南先后穿越毛乌素沙漠、陕北黄土高原、吕梁山脉、中条山脉、秦岭山脉、江汉平原、洞庭湖平原和赣西丘陵等地域，地质条件复杂。正线有大中型桥梁 770 座，桥梁总长 381 公里，其中长度 5 公里以上的特大桥有 10 座；有隧道 229 座，隧道总长共 468.5 公里，其中长度 10 公里以上的隧道有 10 座，桥隧比约 46.9%。

在建设过程中，共创新施工工法 119 项，取得专利 165 项，荣获科技奖 60 项，科研立项 85 项；研发使用世界首台大断面异形土压平衡盾构机，在三门峡黄河公铁两用大桥、洞庭湖特大桥上创新应用多项桥梁技术，彰显了我国铁路建设自主创新综合实力。

浩吉铁路同步建成集疏运项目 21 个。开通运营后，可以衔接沿线各地的多条煤炭集疏运线路，并实现铁水联运功能。浩吉铁路运用智能综合调度、智能牵引供电、基础设施智能运维、融合北斗的工务基础设施监测、智能大脑平台、综合安全大数据等多项技术，标志着我国货运铁路综合智能化关键技术取得新突破。

2019 年 9 月 28 日，随着 71001 次万吨煤炭重载列车缓缓从内蒙古鄂尔多斯浩勒报吉南站驶出，浩吉铁路正式开通运营。浩吉铁路的开通，有利于促进西部地区资源开发，保障鄂湘赣等华中地区能源供应，增强我国铁路能源运输南北通道能力，对于扩大煤炭“公转铁”运量、助力打好污染防治攻坚战和打赢蓝天保卫战、促进区域经济社会协调发展，具有重要意义。

世界上建造难度最大的超级工程——川藏铁路

川藏铁路是继青藏铁路之后，第二条进藏的“天路”，始于四川成都，终点为西藏拉萨，全线 1742.39 公里，设计时速 200 公里，部分路段限速 160 公里。铁路贯通后，从成都到拉萨的时间将从现在的 36 小时缩短至 15 小时左右，大大节约通行时间。

早在新中国成立前，在四川和西藏之间修建一条铁路的设想即已提出。新中国成立后，尤其是改革开放以来，随着我国综合实力的增强，川藏铁路才进入实质勘探阶段。

2008 年，铁道部与四川省签署部省纪要，拟新建 6 条出川铁路，并将其纳入全国铁路网中长期规划调整方案，其中便包括川藏铁路。在十一届全国人大一次会议上，四川代表团提出的议案《关于尽快建设川藏铁路的建议》中设想了川藏铁路线路方案，得到了国家有关部委的积极响应。2011 年 3 月，全国人大通过的《中华人民共和国国民经济和社会发展第十二个五年规划纲要》对川藏铁路建设提出新的构想。

川藏铁路建设分为三段，分别是成雅铁路（成都至雅安）、雅林铁路（雅安至林芝）、拉林铁路（拉萨至林芝）。

川藏铁路由四川盆地直登青藏高原，穿越横断山、念青唐古拉山、喜马拉雅山等三大山脉，跨越雅砻江、金沙江、澜沧江、怒江、雅鲁藏布江等五大水系，海拔由 500 米爬升到 5000 米，线路呈台阶式“八起八伏”，依次经过四川盆地、川西高山峡谷区、川西高山原区、藏东南横断山区、藏南谷底区，地势西北高东南低，峡谷纵列，雪山叠嶂。修建条件在工程建设史上前所未有，修建难度之大世所罕见。

这条在全球新构造运动最为活跃区域修建的铁路干线，面临着“显著的地形高差”“强烈的板块活动”“频发的山地灾害”“恶劣的气候条件”和“敏感的生态环境”五大环境挑战。同时还要面对地应力精准测量、板块动力学、软岩高应力、岩爆监测预警、高原缺氧环境施工、隧道高温调控、超复杂环境、地质滑坡、新材料和环境保护等十大科学问题和工程技术难题。因此，作为史诗级铁路工程，川藏铁路也被称为“最难建的铁路”。

川藏铁路：交通建设史上难度最大的超级工程

为跨越千米级 V 形深切峡谷、躲避地质灾害、降低工程风险，减少展线长度，川藏铁路采用 600 米级拱桥和超千米级悬索桥。目前国内外已经建成或在建的铁路最大跨度拱桥均未超过 500 米，在建铁路最大跨度悬索桥为 660 米，川藏铁路需在龙门山、鲜水河等十余条强活动断裂带附近，布置多座桥梁。超大跨度的拱桥及铁路悬索桥合理结构形式、刚度控制、结构变形对行车的影响、抗震性能、施工方案等技术都是世界性难题。

此外，川藏铁路深埋长大隧道工程数量众多、规模巨大，同样世界罕见。

隧道工程基本位于崇山峻岭、人迹罕至、气候恶劣、高海拔等特殊地理位置，环境地质特殊，环保要求高，施工辅助坑道深长且难以布置，施工通风距离超长，加之超高埋深、超长隧道的极高地应力、超高地（水）温、活动断裂、深部岩体强卸荷作用、高突水风险等复杂环境的耦合，使隧道的修建、运营养护与防灾救援体系面临极大的挑战。

川藏铁路成雅段猫庙河特大桥正在进行架梁施工

2014 年 12 月，成雅铁路和拉林铁路开工建设。2020 年 11 月 8 日，川藏铁路（雅安至林芝段）举行开工动员大会，该路段为国家 Ⅰ 级双线铁路，新建正线长度 1011 公里，设计时速 120~200 公里。习近平总书记指出，建设川藏铁路是贯彻落实新时代党的治藏方略的一项重大举措，对维护国家统一、促进民族团结、巩固边疆稳定，对推动西部地区特别是川藏两省区经济社会发展，具有十分重要的意义。至此，川藏铁路建设开启新的阶段。

2021 年 1 月，随着最后一排轨排铺设完成，川藏铁路拉（萨）林（芝）段正线轨道铺通，为 6 月 30 日建成通车奠定坚实基础。 拉林铁路是国家重点工程项目，正线全长约 435 公里，设计时速 160 公里。其 90% 以上路段位于 3000 米以上的高海拔地区，建成通车后将结束藏东南不通火车的历史，也为川藏铁路雅安至林芝段建设提供更加便捷的运输通道。

拉林铁路正线轨道铺通

这是一场迎难而上的勇敢跋涉，也是一段先行使命的果敢担当。

中国速度——中国铁路六次提速

为了全面提升我国铁路客货运能，1997—2007 年，我国铁路进行了六次大面积提速。正是这“小步快跑”的六次提速，起到了承前启后的关键作用，为我国铁路运输由“量变”到“质变”打下了坚实的基础，助力中国走入高铁时代。

第一次：铁路提速“拉开序幕”

1997 年 4 月 1 日零时，铁路第一次大面积提速调图全面实施，拉开了铁路提速的序幕。这次提速调图，是对中国铁路传统运输组织方式的一次深刻变革，不仅列车运行速度实现了飞跃，运行图编制发生了根本的变化，也对全国铁路的运输组织、经营理念等产生了深远的影响，实现了历史性突破。在京广、京沪、京哈三大干线，提速列车最高运行时速达到了 140 公里，其他旅客列车的运行速度也有了不同程度的提高。全国铁路旅客列车旅行速度由时速 48.1 公里提高到时速 54.9 公里。

第二次：三大干线“以点带面”

1998 年 10 月 1 日零时，铁路第二次大面积提速调图开始实施。这次提速调图，以京广、京沪、京哈三大干线为重点，进一步扩大了提速范围，提高了列车速度，优化了运输产品结构和运力资源配置。快速列车的最高运行时速达 160 公里，非提速区段快速列车最高运行时速为 120 公里。旅客列车旅行速度和技术速度与 1997 年相比，均有一定幅度的提高，直通快速、特快客车平均时速达到 71.6 公里。铁路提速进一步适应了旅客对运输快捷的要求，扩大了客货运输品牌效应，赢得了社会各界的广泛赞誉，被 64 家产业报评为 1998 年十件大事之一。

第三次：提速网络“初步形成”

2000 年 10 月 21 日零时，铁路第三次大面积提速在陇海、兰新、京九、浙赣线顺利实施。在前两次大面积提速的基础上，初步形成了中国铁路提速网络。京广、京沪、京哈、京九线 4 条纵贯南北的大动脉和陇海、兰新、浙赣线等横跨东西的大干线，全面实现了提速，全国铁路提速线路延展里程接近 1 万公里，初步形成了覆盖全国主要地区的“四纵两横”提速网络。在提速范围扩大的同时，列车速度又有新的提高，全国铁路旅客列车平均时速达到 60.3 公里。

第四次：提速网络“扩大覆盖”

2001 年 10 月 21 日零时，铁路第四次大面积提速调图开始实施。这次提速的重点区段为京九线、武昌至成都（汉丹、襄渝、达成）通道、京广线南段、浙赣线和哈大线。经过这次提速后，我国铁路提速网络进一步完善，铁路提速延展里程达到 1.3 万公里，提速网络覆盖全国大部分省区市。

第五次：铁路运输“新水平”

2004 年 4 月 18 日零时实施的第五次大面积提速调图，集中体现了铁路运输生产力发展的新水平，展示了铁路部门坚持以人为本、诚信服务的新理念。这次提速调图，主要铁路干线的部分地段线路基础达到时速 200 公里的要求，提速网络总里程达 1.65 万公里，其中时速 160 公里及以上提速线路 7700 多公里。全国铁路旅客列车平均旅行速度达到时速 65.7 公里，其中，直达特快列车时速 119.2 公里、特快列车时速 92.8 公里。

第六次：跻身世界“先进行列”

2007 年 4 月 18 日零时，我国铁路第六次大面积提速开始实施。这是在京哈、京沪、京广、浙赣、胶济线等既有干线实施的时速 200 公里的提速，部分有条件区段列车运行时速可达 250 公里。这次大提速，不仅标志着我国铁路既有线提速跻身世界先进行列，而且在许多方面实现世界铁路首创。

延伸阅读

铁路大提速之“三大首创”

一是在繁忙干线实施时速 200 公里提速，时速 200 公里提速线路延展里程一次达到 6003 公里，部分区段达到时速 250 公里。无论是一次提速到时速 200 公里线路里程总量，还是最高速度值，都走在了世界前列。

二是京沪、浙赣、胶济线等主要干线部分提速区段，既要开行时速 200 公里及以上动车组，又要开行 5500 吨重载货物列车和双层集装箱列车，在世界铁路发展史上是首创。

三是在繁忙干线客货混跑、行车密度很大的情况下，密集开行时速 200 公里及以上动车组列车，这种运输组织方式，填补了铁路运输的空白。

中国铁路大提速，引发了一场涉及铁路行业深刻的管理创新、技术创新与安全控制创新，是我国铁路提升技术装备水平、扩充运输能力、全面优化运营质量的重要举措，在技术、设备和管理上，为中国高铁的建设做好了准备。大提速为我国高铁技术设备的研发研制、应用实践和发展完善提供了丰富的经验。2003 年，“中国铁路提速工程成套技术与装备”荣获 2002 年度国家科学技术进步奖一等奖。

首都的“大门”——北京站

1959 年 1 月 20 日，北京站正式破土动工，地址位于东便门以西，东单和建国门之间，长安街以南，东临通惠河，西倚崇文门，南界为明城墙遗址。修建仅用了 7 个多月，于 9 月 10 日完工，15 日正式运营，其建设速度之快、规模之大，堪称中国铁路建设史上的奇迹。北京站建筑宏伟壮丽，是当时中国最大的铁路客运站，被评为“中华人民共和国成立 10 周年首都十大建筑”之一。

北京站

作为北京当时具有中国特色的“首都大门”，北京站的建筑风格，主要体现了民族传统形式与现代建筑技术的完美结合。具体而言，站房中央大厅的设计，采用了当时先进技术——预应力双曲扁壳屋盖，与前部立面中心的三大玻璃拱窗及左右对称的两座钟楼有机地结合起来，组成了站房大楼的中央主轴，并辅以东、西两翼顶部设置的两座塔楼作为次轴。同时，在塔楼与钟楼之间，以玻璃幕墙相互连接，形成了一个整体。这样的设计方式，不仅使建筑的整体立面主次分明，还表现出我国民族传统风格与现代结构技术相结合所产生的新颖协调的建筑艺术效果。

我国第一座高铁车站——北京南站

2008 年，我国第一座真正意义上的高铁车站——北京南站，作为 2008 年北京奥运会的重要配套项目工程横空出世。这座特大型车站拥有 13 座站台、24 条股道，是当时亚洲最大的铁路枢纽之一。北京南站作为在我国铁路建设飞速发展的特殊时期建成的大型高铁车站，是我国新型车站建设的先行者，起到了积极的探索和示范作用。

北京南站外景

北京南站的前身，是英国人监造的马家堡火车站。马家堡火车站于 1896 年动工，1897 年夏天竣工，主体 3 层，属于典型的英式风格。车站建成之后，周边涌现出许多新的商铺、茶馆、旅店，一时间马家堡成为当时永定门外最繁华的地段。在之后的义和团运动中，车站于 1900 年 6 月被付之一炬。时隔 2 年，又在旧址北侧约 1 公里的京汉、京沈铁路旁修建了马家堡临时停车站，被称作永定门站。

新中国成立后，1957 年，在距离永定门站以西约 1 公里处修建永定门客运站。1988 年，永定门客运站正式更名为北京南站。当时的北京南站一直承担着中短途慢车客运乘降业务，是来京务工人员往返出行的重要车站。2006 年 5 月 9 日晚，随着最后一辆列车 2141 次的缓缓驶离，老北京南站结束了历史使命，次日正式封站改造。2008 年 8 月 1 日，新的北京南站正式开通运营，并以一个现代化车站的姿态呈现在世人眼前。

由于北京南站的用地条件限制，北京南站与北京市正南北的城市轴线形成 42° 的夹角，为了消除这一矛盾，弱化大体量站房与周边环境的冲突，新的北京南站采用椭圆形的建筑形态，使站房与周边的城市、环境取得了最佳的共融效果。

北京南站候车大厅

其实，北京南站站房设计的灵感来源于天坛。天坛的三重檐成为北京南站的抽象原型：第一重檐是候车大厅的屋顶，正中央设置巨大的天窗，为候车大厅提供充足的采光，第二重檐和第三重檐共同组成站台雨棚，向两侧层层推叠出去，巧妙地将传统的古典建筑元素整合进现代化的交通建筑中。

北京南站在设计理念、设计方法等多个层面都进行了有益的尝试。将站房同城市紧密结合，而不再视站房为一个孤立的点，实现了交通枢纽同城市的共赢。北京南站的建成，对我国后来的高铁车站的设计和建设，产生了深远影响。

我国第一条铁路水下隧道——狮子洋隧道

广深港（广州—深圳—香港）高速铁路狮子洋隧道，是我国第一条铁路水下隧道，也是国内第一条长大水下盾构隧道和国内第一条铁路客运专线盾构隧道，建于广州市南沙区，左、右线各长10800米，时速目标值为350公里，于2006年5月开工，2011年3月12日全线贯通。

狮子洋隧道

狮子洋隧道的建成，打破了数百年来“遇水架桥”的思维定式。同时，狮子洋隧道的建设及其项目科研的成功，引领了水下盾构隧道建设的高速发展，实现了水下盾构隧道施工技术的突破，为当时处于规划中的渤海湾跨海通道、琼州海峡跨海通道、台湾海峡跨海通道等提供了有力的技术支持，成为我国隧道建设从“过江”到“跨海”的转折点。

狮子洋隧道工程分别在进口（广州端）和出口（东莞端）各设置 1 处工作井，左、右线各投入 2 台盾构机，分别从进口工作井和出口工作井始发，在江底地中对接，洞内解体。

延伸阅读

狮子洋隧道的“首开纪录”和“世界之最”

设计速度 350 公里 / 小时，是当时世界上行车速度目标值最高的隧道。

每孔隧道长 10800 米，其中盾构段长度达 9340 米，是国内最长的水下盾构隧道。

隧道承受最大水压达 0.67 兆帕，是当时国内水压最高的盾构隧道。

它是国内地层强度差别最大的大直径盾构隧道。

在国内首次采用了盾构相向施工、地中对接、洞内解体施工技术。之前国内没有地中对接的工程实例，国外也仅日本有少数几例，且地质条件与狮子洋隧道差别较大。

在隧道最低点前后设置了国内第一个水下防灾救援定点。

亚洲最长的山岭铁路隧道——高黎贡山隧道

高黎贡山隧道全长 34538 米，由中铁隧道局集团有限公司和中铁十八局集团有限公司承建，于 2014 年 12 月 29 日开工，预计于 2022 年 5 月 31 日竣工，建成后将成为中国最长的交通隧道工程和亚洲最长的山岭铁路隧道。高黎贡山隧道是云南国际大通道大瑞（大理—瑞江）铁路的重点控制性工程。

高黎贡山隧道建设

隧道位于龙陵县境内，具有“三高”（高地热、高地应力、高地震烈度）、“四活跃”（活跃的新构造运动、活跃的地热水环境、活跃的外动力地质条件和活跃的岸坡浅表改造过程）的特征。根据设计提供的地质勘探资料，高黎贡山隧道存在高温热害、软岩大变形、涌水、断层破碎带、岩爆、岩溶、蚀变岩及节理密集带、活动断裂带、高烈度地震带等多种地质条件，隧道最大埋深 1155 米，穿越 19 条断层，被称为“地质博物馆”。

高黎贡山隧道建设创造了六项国内第一：隧道设计时规划了 24 条线路，是中国铁路选线最多的隧道；隧道长 34538 米，是中国铁路第一长隧；1 号竖井深 764.74 米，是中国铁路隧道最深竖井；1 号斜井长 3870 米，是中国铁路隧道最长斜井；“彩云号”TBM（断面硬岩隧道掘进机）直径 9.03 米，是中国自主研制的国内最大直径 TBM；“彩云 1 号”TBM，是中国第一台再制造 TBM。

参与高黎贡山隧道建设的“彩云号”TBM

超长双线电气化铁路隧道——大瑶山隧道

大瑶山隧道位于京广铁路衡广（衡阳—广州）段广东省境内坪石至乐昌间，由铁道部第四勘测设计院勘测设计，中铁隧道工程局施工，1981 年 11 月开工，1987 年 5 月贯通，1988 年 12 月通车。隧道全长 14295 米，是我国 20 世

大瑶山一号隧道

纪 80 年代建成的最长双线电气化隧道，其长度在当时世界铁路隧道中列第 10 位。

大瑶山隧道施工中采用了新奥法，即通过喷射混凝土、锚杆等设备，利用围岩的自承作用，以薄层柔性支护与围岩结合形成的支护系统取代厚层的混凝土衬砌，改善了受力性能，减少了开挖量和圬工量，在经济性和安全性方面，均优于传统的衬砌结构。此外，施工采用 20 世纪 80 年代国内外最先进的大型机械，组成开挖、运输、衬砌、注浆 4 条机械作业线，一改旧式手工操作、分部开挖的施工方法，施工技术、队伍素质、管理水平有了质的飞跃。

该工程在施工中遇到地质极为复杂的 9 号断层。能否安全通过该断层，是大瑶山隧道能否建成的关键，不仅直接影响隧道贯通工期，而且也是对不良地质隧道施工技术的一次重要考验，反映国家隧道建设的整体技术水平。隧道建设者们以尊重科学、一丝不苟的务实态度，认真贯彻安全与质量并重、稳扎稳打、步步为营的施工方针，创造性采用了超前平行导坑、半断面开挖、超前地质预报等一系列科学施工方法，顺利通过 9 号断层，为软弱围岩隧洞施工开辟了途径，是我国隧道建设史上的一大突破。

大瑶山隧道是我国在隧道设计、施工上具有开创性意义的实践，其修建技术荣获 1992 年度国家科学技术进步奖特等奖。

创多项纪录的大桥——九江长江大桥

九江长江大桥是中国在长江上建造的第八座大桥，也是继武汉长江大桥和南京长江大桥之后，中国建桥史上又一个新的里程碑。大桥位于江西省九江市浔阳区和湖北省黄冈市黄梅县之间的长江江面上，建成于 1993 年，全长 7675 米，正桥长 1806 米。九江长江大桥当时不仅是中国，更是世界最长的铁路、公路两用的钢桁梁大桥。既是中国南北交通的大动脉，也是九江市最引人注目的旅游景点。

九江长江大桥

九江水域地质情况复杂，水深流急，施工难度较大。施工单位在基础工程中采用了双壁钢围堰、泥浆套下沉和空气幕等一系列新技术、新工艺，保证了工程质量。

延伸阅读

九江长江大桥的“首开纪录”

①首创“双壁钢围堰大直径钻孔基础施工法”。

②首次将“触变泥浆套”和“空气幕”工艺用于下沉深度达 50 米的正桥和引桥沉井基础。

③首次采用简易“水上工作平台法”修建管柱钻孔基础，创该类型基础在洪水期开工的先例。

④首次采用浮式基础，解决了在地质条件极为复杂的情况下修建基础的难题。

⑤首次在铁路桥上采用跨度40米的无砟无预应力钢筋混凝土简支箱梁。

⑥首次在国内采用最大跨径216米的三跨连续刚性梁柔性拱结构。

⑦成功研制并大量应用屈服强度不小于420兆帕的15MnVNq新钢材，使桥梁用钢步入世界先进行列。

⑧钢梁15MnVNq低合金高强度钢焊接杆件的板材最大厚度为56毫米，为当时全国铁路桥梁之最，为焊接规范修订提供了依据。

⑨研制成功材质为35VB并经磷化处理的大直径高强度螺栓，并制定了相应的施拧工艺。

⑩首次采用双层吊索架全伸臂安装180米钢桁梁。

⑪首次采用216米大跨跨中合龙及柔性拱合龙工艺。

⑫国内首次在三大拱的吊杆上采用抑制振动的新型调谐质量阻尼器。

⑬采用自行设计制造的吊重300吨、跨度40米的架桥机，为国内首创。

⑭试制成功 ϕ2.5米反循环旋转钻机，并首次在我国桥梁施工中采用。

九江长江大桥在新材料、新结构、新工艺方面取得的成果，反映了我国建桥事业的时代水平和桥梁科技发展水平，荣获国家科学技术进步奖一等奖和中国土木工程詹天佑奖。

铁路“高桥”——水柏铁路北盘江大桥

北盘江，珠江流域西江上源红水河的大支流，流经云南、贵州两省，多处为滇黔界河。北盘江全长449公里，总落差1985米。随着公路、铁路的建设发展，北盘江已托举起一座又一座大桥。

水柏铁路北盘江大桥

水柏铁路北盘江大桥位于云贵高原中部北盘江大峡谷上，是一座结构新颖而复杂、技术要求高、施工难度大的单线铁路桥，于2001年11月建成通车。

大桥全长468.20米，为上承式提篮钢管混凝土拱桥，是我国首次将钢管混凝土拱用于铁路的桥梁。桥梁主拱采用转体施工，单铰转体质量达10400吨，是当时世界上最大跨度、最大单铰转体质量的铁路钢管混凝土拱桥。大桥轨底到峡谷底深达280米，为当时国内最高的铁路桥梁。大桥主跨为236米上承提篮式钢管混凝土推力铁路拱桥，居当时世界同类型桥梁之首，为当时国内第二大跨度铁路钢桥。

该桥获得中国建筑工程鲁班奖（国家优质工程）和中国土木工程詹天佑奖。

建成时被誉为“世界铁路桥之最”的大桥——南京大胜关长江大桥

南京大胜关长江大桥是跨越长江的高速铁路桥梁工程，建成时是世界首座六线铁路大桥，也是世界上跨度最大、设计荷载最大的高速铁路桥。它代表了当时中国桥梁建造的最高水平，被誉为“世界铁路桥之最”。

南京大胜关长江大桥为六跨连续钢桁梁拱桥，桥梁全长9273米，主桥孔跨布置为108米+192米+2×336米+192米+108米。桥上的轨道为六线，具有体量大、跨度大、荷载大、速度高（“三大一高”）的特点。

南京大胜关长江大桥

南京大胜关长江大桥在建设过程中，克服了诸多难题，包括当时国内最大的深水基础双壁钢吊箱围堰整体制造、下河、浮运施工，以及钢围堰在水深流急、涨落潮差中如何精确定位；水上大型浮式起重机安装主桥墩顶钢梁如何达到精度要求和对位；悬臂长、合龙口多、杆件吊重大、安装精度要求高的六跨连续钢桁拱悬臂拼装施工，三片主桁超静定合龙等。

南京大胜关长江大桥作为京沪高速铁路工程的重要组成部分，荣获国际桥梁界最高荣誉“乔治•理查德森奖”和国际桥梁与结构工程协会“杰出结构奖”。南京大胜关长江大桥的建成，标志着中国桥梁建造技术跻身世界领先行列。

“三位一体”之桥——沪苏通长江公铁大桥

集国家铁路、城际铁路、高速公路“三位一体”的沪苏通长江公铁大桥，连接江苏南通和张家港两地，全长 11.07 公里，为通行四线铁路、六车道高速公路的公铁两用大桥，于 2020 年 7 月开通。

沪苏通长江公铁大桥上层为公路桥，下层为铁路桥。主航道桥为两塔五跨斜拉桥，主跨 1092 米，为世界上最大跨径的公铁两用斜拉桥，也是世界上首座跨度超过千米的公铁两用桥梁。主塔高 325 米，采用钻石形混凝土结构，约 100 层楼房高，为世界最高公铁两用斜拉桥主塔。主塔基础采用倒圆角的矩形沉井结构，其平面面积达 5100 平方米，相当于 12 个篮球场的面积之和，是世界上规模最大的桥梁沉井结构。沉井承担着桥梁的全部荷载，是名副其实的“定海神针”。

沪苏通长江公铁大桥在新材料、新工艺方面大胆实践。采用 Q500qE 级高强度桥梁结构钢和 2000 兆帕级斜拉索；主航道桥采用刚度大、行车性能优越的箱桁组合新型结构，展现世界钢桥结构的发展方向；在世界范围内首次采用伸缩量为 2000 毫米级的桥梁轨道温度调节器和伸缩装置；首次采用了巨型沉井整体制造、浮运、定位新工艺以及主梁两节间全焊接、桥位整体吊装施工新工艺。副航道桥采用主跨 336 米的刚性梁柔性拱桥结构，合龙精度控制在毫米级。

沪苏通长江公铁大桥

沪苏通长江公铁大桥大吨位钢主梁节段达到 164 个，针对钢梁架设研制的 1800 吨架梁吊机为世界首次制造，其吊重能力为国内最大，在架梁过程中同步挂斜拉索，刷新内河桥梁钢结构吊装纪录。沪苏通长江公铁大桥采用了世界桥梁建设最前沿的技术，具有十分重要的意义。

海上风口建成跨海大桥——平潭海峡公铁大桥

平潭海峡公铁大桥位于福建平潭岛北端，是福平铁路和长平高速公路跨越海峡的通道，于2013年11月开工建设，2019年全部贯通，2020年12月26日建成通车。大桥由西向东共跨越海坛海峡北口的4个岛屿和4条航运水道，全长16.348公里，公铁合建段长9.227公里。大桥按上、下两层布置，上层为公路桥，下层为铁路桥。

平潭海峡公铁大桥

平潭海峡公铁大桥是国内首座公铁两用跨海大桥，也是世界上最长的公铁两用跨海大桥，是我国铁路桥梁建设由内陆江河迈向海洋的标志。

桥梁所处海域为世界三大风口海域之一的平潭海峡，具有风大、浪高、水深、流急等特点，曾被视为“建桥禁区”。为降低施工安全风险，采取了工厂化、大型化、整孔架设等现代化高效施工措施。中铁大桥局集团有限公司研制的自航双臂架变幅式起重船“大桥海鸥”号提升高度达110米，起重能力达3600吨，为国内提升质量最大、高度最高的起重船。主航道斜拉桥的主梁采用两节间大节段全焊、整节段吊装，非通航孔桥80米、88米钢桁梁桥采用整孔全焊、整孔架设，是国内桥梁钢桁主梁制造及架设技术的又一大突破。

（二）列车装备升级换代

第一代电力机车——韶山 1 型

韶山 1 型电力机车（SS1），是中国铁路的第一代（有级调压、交-直流电力传动）国产客、货两用干线电力机车。

韶山 1 型电力机车

延伸阅读

什么是电力机车?

电力机车，又称电力火车，是指从供电网（接触网）或供电轨中获取电能，再通过电动机驱动车辆行驶的火车。电力机车运行所需的电能由电气化铁路的供电系统提供，而自身携带发电能源和装置的电传动内燃机车和燃气机车等则不属于电力机车范畴。

电力机车有哪些优势?

（1）电力机车具有功率大、速度快、过载能力强、自身负重低、牵引力和加速度大、整备作业时间短、维修量少、能源利用率高、运营费用低、便于实现多机牵引、能采用再生制动等优点。使用电力机车牵引列车，能提高列车运行速度和承载重量，从而大幅度提高铁路的运输能力和通过能力，特别利于旧铁路的提速。我国的京广、京沪和京九等干线铁路进行电气化升级改造后大面积开行电力机车，有效缩短了列车旅行时间。

（2）电力机车清洁环保，运行时不像蒸汽机车或柴油机车那样产生废气。供电气化铁路使用的发电厂在采用化石燃料时，均会控制废气排放，此外也可使用低污染的风力或水力发电，还能提高热效率。电力机车在运行时也比柴油机车安静得多。因此，电力机车十分适用于在城市轨道交通线上运营。

（3）在性能上，电力机车不需要像蒸汽机车或柴油机车那样自携引擎及燃料，能减轻自重，因此，在加减速和最高速方面均优于蒸汽机车和柴油机车，可进一步缩减行车时间，是高速列车、动车组等的第一选择。

电力机车可以取代内燃机车吗?

（1）电力机车的缺点在于其本身没有动力源，电能来自外部的电缆或电轨，如遇自然灾害、战争等不可抗力状况引发断电就无法运行，导致运输瘫痪，甚至可能引起事故。可在电力机车上额外配备应急柴油发电机或增挂柴油发电机车厢，以应对突发的断电状况，但会增加运输成本。

（2）电力机车的研制、生产和维修及其所需电气化铁路的建设、运营和维护，都需要高昂的费用和高端的技术，导致整条铁路系统的施工难度和养护成本比非电气化铁路要高很多。若在经济贫困、人口稀疏、地势险峻、气候恶劣的环境下修建电气化铁路，将会对当地造成巨大的财政压力。

（3）电力机车依赖电气化铁路，大量的电网电轨设施会存在一定的安全隐患，如果有人肆意闯入铁道或爬上车顶就会诱发触电事故。城市街区中电气化铁路的高压电网如果发生意外坍塌，也易引发触电后果。

因此，电力机车不能全面取代内燃机车。

韶山1型电力机车的研制始于20世纪50年代。新中国成立以后，随着国民经济的逐渐恢复，为了在第二、第三个五年计划内更大规模地开展经济建设，国务院组织编制了《1956—1967年科学技术发展远景规划》。但由于新中国的工业基础薄弱，也缺乏制造干线电力机车的经验，在当时的国际环境下要取得电力机车的制造技术，苏联的协助自然成为首选。

1957年11月，毛泽东率领中国共产党代表团赴苏联参加十月革命40周年庆祝典礼，并选派了50位科学技术人员随同访问考察。随后，经国务院批准，中国组织了一个由第一机械工业部、铁道部及高校有关专家学者组成的电力机车考察团，于1957年12月赴苏联诺沃切尔卡斯克电力机车厂、全苏列宁电工技术研究院，进行为期4个月的电力机车制造技术考察学习。

1958年12月28日，中国第一台干线电力机车在湘潭电机厂出厂，定型为6Y1型，编号0001，命名为韶山号。1968年，经过对6Y1型10年的研究改进，将引燃管改为大功率半导体整流，试制出韶山1型电力机车，代号SS1。1969年开始批量生产，至1988年止，共生产826台。

韶山1型电力机车在20世纪70—80年代，一度成为我国电气化铁路干线的主型电力机车，并开创了以“韶山”（毛泽东故乡）命名的干线电力机车家族的生产历史，也为以后中国电力机车的研制与发展奠定了坚实的基础。其原型车SS1-008号电力机车具有很高的历史价值，被定为国家一级文物，现收藏于中国铁道博物馆。

“大力士”机车——6轴7200千瓦大功率交流传动电力机车

改革开放以来，随着国民经济的高速发展，铁路运输能力不能满足经济发展的需求，其中运输装备尤为突出。铁路牵引动力一直采用交-直流传动机车，机车牵引能力小、运行速度低，单轴最大牵引功率 800 千瓦、构造速度 100 公里 / 小时。2004 年，铁道部根据国务院《机车车辆装备现代化会议纪要》，提出了研制开发大功率交流传动机车的要求，中国北车集团承担了研制 6 轴 7200 千瓦大功率交流传动货运（HXD3 型）电力机车的任务。

6 轴 7200 千瓦大功率交流传动电力机车系统，集成了国际先进水平的微机网络控制系统、大功率 IGBT 变流机组和机车制动机，包含了性能优良的转向架、高强度车体及大容量牵引变压器，具有功率大、结构安全、维护工作量小、节能等优点，拥有自主知识产权，填补了国内外空白，荣获 2010 年度国家科学技术进步奖一等奖。

HXD3 型电力机车

6 轴 7200 千瓦大功率交流传动电力机车批量运用在京沪、京广、石太、合武、沪昆、陇海、胶济、哈大线等干线铁路，大幅提高了我国铁路货运机车的运行效率，提升了我国铁路机车整体技术水平，具有较强的国际竞争力，形成的成套技术达到国际先进水平，为研发制造大功率交流传动电力机车系列化产品搭建了技术平台。同时，还拉动了电力电子、冶金、机械制造等机车制造相关产业的技术进步，带动了地方经济的快速发展。

创新突破——中国标准动车组

中国高速铁路及高速列车发展堪称世界奇迹。这一奇迹的背后，凝结着我国科研人员不断探索、勇于创新的科学精神。在前期大量科研基础上，我国通过科学谋划，采用多步走的策略，将高速铁路及高速列车技术一步步推向新的台阶。

中国标准动车组的由来

2004 年，按照“引进先进技术、联合设计生产、打造中国品牌”总体要求，我国开始引进日本川崎重工、法国阿尔斯通、德国西门子等国外高速列车技术，分别由南车青岛四方机车车辆股份有限公司、长春轨道客车股份有限公司及唐山机车车辆厂实施技术承接，并在一次性引进时速 200~250 公里动车组制造技术的基础上，分阶段实施了国产化。

技术的引进，提升了我国高速列车的制造水平，但核心技术依然掌握在外商手中。而且由于引进技术的来源不同，众多参数指标、标准规范存在差异，对运输及列车应用、维修带来了新的问题。为实现铁路运输持续发展，确保我国高铁移动装备技术创新能力和产品水平，立足世界先进行列，满足铁路“走出去”的迫切需要，铁道部（中国铁路总公司）在国家支持下，开展了时速 350 公里中国标准动车组的研制。

动车组列车

中国标准动车组的研制目标是全面提升中国高速铁路动车组设计和制造水平，打造适合中国国情、路情的高速动车组设计制造平台，实现中国高速铁路动车组自主化、标准化和系列化，实现相同速度等级动车组互联互通，形成规模化生产能力，建立中国高速列车标准体系，创建中国品牌。自2013年以来，在中国国家铁路集团有限公司（前期为中国铁路总公司）主持下，由中国铁道科学研究院牵头，中国中车股份有限公司（2015年6月1日，中国南车股份有限公司与中国北车股份有限公司合并组建）设计主导，充分利用国内相关资源，开展了中国标准动车组设计研制工作。

中国标准动车组的主要研制原则为坚持正向设计，不受外方技术限制，拥有自主知识产权；通过产学研结合全面掌控核心技术，软件完全自主，硬件原则自主；不同工厂研制的标准动车组实现简统化，对司乘操作、旅客界面、运用维护等进行简统化设计，能够互联互通，实现重联运营；满足运输需求，经济安全，节能环保，降低全寿命周期运营成本。

中国标准动车组的研制历程

2013年3月，中国铁路总公司组建成立后，召开中国标准动车组推进工作会议，加强标准动车组发展的顶层设计，由中国铁道科学研究院牵头，全面启动标准动车组技术条件编制工作，组织南车青岛四方机车车辆股份有限公司和长春轨道客车股份有限公司开始研制时速350公里中国标准动车组。

中国标准动车组

2015年6月30日，具有自主知识产权、时速350公里的中国标准动车组正式下线，在中国铁道科学研究院环形试验基地开展试验工作，标志着研制工作取得重要阶段性成果。

该系列动车组分别由中车青岛四方机车车辆股份有限公司和中车长春轨道客车股份有限公司研制，样车外观造型生动别致，分别被广大高铁爱好者亲切地称作“蓝海豚”和“金凤凰”。

“蓝海豚”和“金凤凰”

2015 年 11 月 18 日，中国标准动车组在大西客运专线完成 385 公里 / 小时动力学试验，各项性能指标均达到优秀水平。2016 年 7 月 15 日，“蓝海豚”和“金凤凰”以超过 420 公里 / 小时的速度，在郑徐线上“擦肩而过”，首次实现了相对时速超过 840 公里的交会运行，全程不超过 2 秒。

“复兴号”

“复兴号”的研制过程科学严谨，经历设计方案评审、试验评审、试用评审、运用考核评审和技术评审等过程，并且完成了一系列完整复杂的型式试验、空载运营考核与载客运营考核。2017 年 1 月 3 日，国家铁路局向中车青岛四方机车车辆股份有限公司、中车长春轨道客车股份有限公司颁发了中国标准动车组型号合格证和制造许可证。

2017 年 2 月 25 日，由中国标准动车组执行载客任务的 G65 次列车驶出北京西站，“蓝海豚”和“金凤凰”两个型号的样车 CR400AF 和 CR400BF 采用重联的方式，首次上线运营。

2017 年 6 月 26 日，批量生产的 10 列时速 350 公里“复兴号”首次在京沪高铁正式载客运营。

2017 年 9 月 21 日，“复兴号”在京沪高铁上以最高时速 350 公里运营，为沿线各大城市之间的市民出行提供了更多选择。

目前，时速 350 公里的“复兴号”列车已奔驰在祖国广袤的大地上，主要运用于京沪、京广、京津等线路。

中国标准动车组是对中国动车组实行的标准化设计开发，实现了动车组牵引、制动、网络控制系统的全面自主化，标志着我国已全面掌握高速铁路核心技术，高速动车组技术实现全面自主化。400 公里等级的中国标准动车组统一型号为 CR400。

“复兴号”的成功研制和批量生产投入运营，是我国高速列车发展的一个里程碑。它创建了我国高速列车持续创新发展的技术平台，形成了我国高速列车完整的标准体系，真正拥有了高速列车和核心技术的知识产权，并锻炼培养出世界一流的产学研用结合的创新团队。这些都将确保我国高速列车技术持续发展，处于世界先进行列。

“复兴号”动车组列车——“绿巨人”

追求卓越——磁悬浮列车

我国从 1991 年开始发展磁浮技术，铁道部科学研究院、国防科技大学、西南交通大学和中国科学院电工研究所等部门都进行了大量研究工作，部分研究成果处于国际先进水平。其中，国防科技大学磁悬浮研究工作

磁悬浮列车研发试验

始于 1980 年，1995 年成功研制磁悬浮列车转向架系统。西南交通大学从 1986 年开始研究工作，1994 年成功研制我国第一辆可载人常导磁悬浮车及其试验线，2000 年研制成功第一辆高温超导磁悬浮车的模型车。

由于高速磁浮线路建造成本高，载客能力有限，经济效益始终成为其发展的制约。德国于 1994 年批准建造柏林到汉堡的磁浮线计划，由于技术原因以及经济效益达不到预期，最终于 2000 年 2 月下马。

2000 年 6 月，我国与德国磁浮国际公司合作，开展中国高速磁悬浮列车示范运营线可行性研究。同年 12 月，中国决定建设上海浦东龙阳路地铁站至浦东国际机场高速磁浮交通示范运营线。2001 年 3 月 1 日正式开工建设。2002 年 12 月 31 日实现单线试运行。2003 年 9 月开始双线试运行，最高试验速度 501.5 公里 / 小时。2003 年底全线完成考核验收。2004 年 5 月，正式投入商业试运营。

作为世界上第一条磁悬浮列车示范运营线，上海磁悬浮列车从浦东龙阳路站到浦东国际机场，全长 29.863 公里的路程只需 8 分钟。截至 2019 年底，上海磁悬浮列车示范运营线已安全运行超过 1985 万公里，总计载客超 5994 万人次。该线路经历了台风、雨雪冰冻等恶劣气候的考验，未发生任何伤害旅客和职工的安全事故，充分展现了高速磁浮交通技术的安全性和可用性。

2016 年 5 月 6 日，中国首条具有完全自主知识产权的中低速磁浮商业运营示范线——长沙磁浮快线开通试运营。长沙磁浮快线线路全长 18.55 公里，设计速度为 100 公里 / 小时。长沙也成

长沙磁浮快线

为继上海之后，中国第二个开通磁浮线路的城市。

当前，我国启动了磁浮交通系统关键技术项目，由中车青岛四方机车车辆股份有限公司牵头，主要目的是攻克中高速磁浮交通系统悬浮、牵引与控制核心技术，具体包括时速 200 公里的中速磁浮项目和时速 400 公里、时速 600 公里的高速磁浮项目。经过多年的科技攻关，我国在高速磁浮交通的轨道、车辆、牵引、运行控制 4 项核心技术以及系统集成技术方面都已实现突破，得到了国内外同行的高度评价。但仍应清醒地认识到，我国距离完全具备自主发展高速磁浮交通系统技术并达到工程应用水平，尚需时日。

纵观全球，还没有第二个国家能像我国这样，在磁悬浮列车研制中做到大投入、系列化、同步发展，实现高速及中低速车型全能全覆盖，且目标明确，路线图清晰，措施落实到位，并始终把安全、可靠列在首位。

（三）铁路信息化建设与时俱进

运营调度管理系统

高速铁路运营调度管理系统具有计划编制、综合设施调度管理、客运调度等功能，是高速铁路运输管理和列车运行控制的中枢。运营调度管理采用调度中心、调度所、站段分级架构。调度中心和调度所设置数据库服务器、应用服务器、通信服务器、存储设备、调度台终端、网络设备、网络安全及维护管理等设备。调度中心和调度所根据需要设置调度台终端。

高速铁路运营调度管理系统主要解决运营和调度两个问题，运营的问题主要通过运输计划来反映，调度的问题主要通过调度指挥系统各功能子系统的相互配合来反映。因此运营调度管理系统实际上是基于计算机、通信、网络等现代化技术的现代化综合系统，指挥完成列车的计划、运行控制等一系列任务。运营调度管理系统根据机车车辆配备和动力特性、车站配备和作业、沿线线路和设备状态、人员的配备、相邻线路列车运行的状态等，统筹编制列车运行计划、集中指挥列车运行和协调铁路运输各部门的工作。

高速铁路具有“高安全、高速度、高密度、高正点率、高计划性、高服务、综合维修”的特点，高速铁路运输调度指挥系统主要通过运输计划管理、动车管理、综合维修管理、车站作业管理、调度指挥管理、安全监控、系统运行维护等七个子系统，实现集中调度指挥的综合功能。

客票及旅客服务信息系统

只要你登录过 12306 网站，通过网络订购过高铁车票，对这串数字就不会陌生。除了登录中国铁路客户服务中心网站（12306.com）外，也可以拨打电话“12306”，查询车次、时刻、票价、余票等信息。

12306 网站购票业务于 2011 年 6 月 12 日投入使用，当日 5 时开始售票。2011 年 12 月 24 日起，以“C”“D”“G”“Z”“T”“K”“Y”等开头的车次，以及 1000~7598 车次范围的旅客列车，都可以通过网络订票。

车次代码的含义

车次代码	车次类型	车次代码	车次类型
C	城际列车	T	特快列车
D	动车组	K	快速列车
G	高速列车	Y	旅游列车
Z	直达列车		

作为客户服务的主要窗口和营销平台，12306 客服中心是铁路运输企业与全国人民沟通的纽带。以前，只能亲自到车站售票窗口或代售点排队购票，

而 12306 客服中心和网站的出现，使购票变得方便、快捷，已成为现在主流的购票方式。

客服中心除了在 12306 官方网站上为客户提供查询、预定车票服务，还与高铁管家、携程等票务服务软件共享信息。在下载了此类手机软件后，也可实时查询全国铁路列车时刻信息、车票价格，支持在线购买、退票和改签、收藏常用车次等功能。

12306 客户端和网站

高速列车运行控制系统

在传统的普速铁路中，列车运行由司机通过观察信号灯来控制，即列车司机根据沿线地面信号机所显示的信号灯颜色，遇到红灯停车，黄灯减速，绿灯则正常运行。跑多少速度、什么时候加速或减速，全凭司机的经验。如果结合列车上的列车运行监控装置（LKJ），列车司机可看到运行控制曲线，并人工控制列车运行速度。

列车信号灯

列车运行监控装置（LKJ）是国内列车超速防护设备，能准确地记录列车运行状况、信号设备状况及乘务员操纵状况，并采用双机热备冗余工作方式，工作性能安全可靠；装置的屏幕显示器以图形、曲线、文字等方式来显示前方线路状况、运行情况等信息，并在列车超速、冒进红灯等危险情况时自动采取紧急制动，保障铁路运输安全。

随着列车速度的不断提高，传统的人工控车模式已经无法满足高速铁路列车运行控制的要求。列车速度越高，制动停车所需距离就越长，要求列车能够“看”得更远。LKJ 虽然具备列车自动保护系统（ATP）功能，但与高铁列车的 ATP 相比，LKJ 不是安全性计算机，只能起到辅助作用，在可靠性上达不到高速运行的要求。

因此，无论是司机看信号还是传统的 LKJ 监控，都无法满足列车高速运行的要求。这时就需要一种列车运行控制系统，能更早、更远地“看清”前方线路情况，自动、实时地计算出列车当前允许速度，并控制列车在规定速度下运行，这样才能满足高速列车的运行要求。

高速铁路列车自动运行控制系统（ATC），简称列控系统，就是这样一种能够确保列车行车安全、提高运输效率的信号系统，基本功能主要有间隔控制、速度防护、安全防护。其中，间隔控制确保追踪运行的列车之间必须保持一定的安全距离；速度防护确保列车的运行速度在许可范围内；安全防护能防止列车无行车许可运行、追尾、冒进信号、溜逸等。

列控系统在设备配置上由地面设备和车载设备两部分组成。地面设备主要提供行车许可、线路信息、目标距离和进路状态；车载设备生成目标距离连续速度控制模式曲线，监控列车安全运行。

为适应高速铁路的发展，铁路技术装备需要全面更新换代，对列控系统的要求也更加严苛。中国列车运行控制系统应运而生，经过不断升级完善，现如今已在我国高速铁路上全面装备运用，并形成了一套完整的技术规范。

中国铁路参照欧洲铁路列车运行控制系统（ETCS）的技术规范，编制了中国列车运行控制系统（CTCS）技术规范。CTCS 体系的构建原则，是以地面设备为基础，采用车载与地面设备统一设计，分运输管理层、通信传输层、地面设备层和车载设备层四层结构进行配置。

中国铁路结合不同线路和闭塞设备的现状，将 CTCS 划分为 CTCS-0~CTCS-4 共五个等级，分别简称 C0、C1、C2、C3、C4 级，同一条线路上可以实现多种应用级别的兼容。目前，中国高速铁路上主要采用 C2 和 C3 两个等级，分别用于运行速度 200~250 公里 / 小时和 300~350 公里 / 小时的高速铁路。

CTCS 的投入使用，解决了高速列车“看”得更远的难题，缩短了列车之间的运行间隔，从而大大提高了高速铁路的运输能力。

四、飞机翱翔：航线如织遍五洲

（一）“四型机场”建设助力民航运输发展

近10年来，中国民航取得了举世瞩目的成就，特别是机场基础设施建设取得了显著的成果，始终保持快速发展态势。现在，投资额数以百亿千亿计的大型机场建设项目在行业内已不鲜见。

以前，依靠大量投入的基础设施建设，在产业发展速度与规模上取得了一定成绩，但是许多深层次的矛盾并没有得到很好的解决并开始逐步显现，制约了行业的发展，主要体现在与民航发展需求增量的矛盾、与机场运行安全的矛盾、与城市规划建设的矛盾、与旅客出行需求的矛盾、与环境生态保护的矛盾等方面。

这些矛盾充分表明，传统的单一依靠加强基础设施建设，依靠挤压早已饱和的运行资源的发展模式已难以适应行业发展的需要，这就需要转变发展方式，从过去注重数量、总量、增量的量优式发展，转向注重质量、效率、效益的质优式发展。在这一时代背景下，中国民用航空局（简称“民航局”）提出实施新时代民航高质量发展战略，建设平安、绿色、智慧、人文“四型机场”，并明确了“平安”是基本要求，“绿色”是重要内涵，“智慧”是创新动力，“人文”是根本目标。

共和国“第一国门”——北京首都国际机场

北京首都国际机场作为中国“第一国门”，肩负着弘扬中华传统文化、建设人文机场标杆、打造首都城市名片的历史使命与社会责任。

首都机场旧貌

北京首都机场始建于1955年。工程历时两年零五个月，至1957年11月建成，建有一座航站楼和一条主跑道。1958年3月1日正式投入使用，距市中心25公里。中央人民政府正式将其命名为“中国民用航空局首都机场”，简称“首都机场”。这是新中国成立后自行设计、施工的第一座大型民用运输机场。1958年10月1日，首都机场航站楼（〇号航站楼）建成投入使用，建筑面积为10138平方米。1966年，首都机场跑道扩建，首次起降大型喷气式客机并开始运营国际航班。

1974年8月启动1号航站区的建设项目，开始第一次大规模扩建，建成1号航站楼，总建筑面积61580平方米，有东西两条平行跑道。1984年，我国第一座现代化航站楼—— 一号航站楼（T1）投入使用，设计年旅客吞吐量900万人次。1987年10月20日，国务院批准首都机场更名为“北京首都国际机场”。

1995年，二号航站楼（T2）开始建设，1999年投入使用，建筑面积

33.6 万平方米，设计年旅客吞吐量 2700 万人次。

首都机场一号航站楼旧貌

2008 年 2 月 29 日，北京首都国际机场三号航站楼（T3）正式投入使用，建筑面积 100.1 万平方米，年设计旅客吞吐量 4700 万人次。另拥有一条 4E 级跑道和两条 4F 级跑道，可起降 A380 大型客机。

北京首都国际机场高质量发展战略体系已基本形成，科技领域不断创新，保障能力稳步提升，安全水平和服务能力显著提高，为“四型机场”的建设打下了坚实基础。

平安机场筑牢安全底线

北京首都国际机场股份有限公司（以下简称“首都机场股份公司”）建设和研发了具有自主知识产权的信息安全综合监测分析平台、信息安全跨网交换管理平台、网络安全准入管理平台、重要信息系统安全监测平台等安全防护和监测平台，初步建设了纵深防御的网络安全保障体系，实现信息安全管理工作从局部到整体的跨越，从微观到宏观的提升，加强了北京首都国际机场信息安全工作保障的管理水平。

北京首都国际机场

绿色机场树立行业标杆

首都机场股份公司将“资源节约、环境友好、运行高效、绿色发展”的绿色机场理念贯穿于机场建设运营全生命周期。节能减排工作成效显著，开展了多个节能技术改造项目，截至 2019 年底，完成航站楼发光二极管（LED）光源改造 9.3 万盏，完成高耗能电机淘汰更新 210 台。航空器噪声污染治理方面，在业内率先建立了噪声自动监测系统，并制定了完善的监测信息管理制度。截至 2019 年底，北京首都国际机场噪声监测点达 23 个，其中固定检测站点 21 个。

智慧机场创新融合发展

监控管理体系

首都机场股份公司全面开展智慧机场建设，建成机场协同决策系统

（A-CDM）。A-CDM 能有效改善资源计划，提高航班准点率，缩短滑行路径，降低燃油消耗和污染物排放，并进一步改善空中交通流量管理。这一系统的核心是协同合作，建立快速的沟通方式，即需要机场各个相关单位的协同合作，而不是简单的“各司其职”。实施 A-CDM 有助于优化飞机的地面运行，其空中交通数据的共享可以将有效信息传递至管理层和旅客，帮助优化航站楼内的程序，包括行李服务和旅客服务。

除冰指挥系统

为了使除冰指挥过程更加科学合理，节约时间及容错成本，提出除冰指挥调度系统构想，将 A-CDM 系统、除冰指挥系统、车辆调度系统、信息发布系统连接整合。将航班除冰标签、航班定位、除冰需求传递、除冰指挥、车辆调度、车辆动态与状态、派工、统计与发布等功能需求包含在内，与现有的除冰保障过程配套，形成电子指挥与支持系统。

除冰雪保障

安全监控平台

在建成的 CCTV（闭路电视监控系统）安全监控平台上，管理着北京首都国际机场 1.4 万余个摄像头，实现了机场旅客流程的视频全覆盖。在此基础上试点电子围栏、人脸识别等多种人工智能应用，加速北京首都国际机场安全和服务领域的智慧化进程。在物联网平台上，实现海量物联终端的安全接入和统一管理，在平台基础上建设大气环境监测、机房环境监测、机位监测等智慧化应用。

人文机场满足旅客需求

首都机场股份公司利用智能人脸识别技术，开展个性化导引服务，三座航站楼国内区域及三号航站楼国际自助通道实现“刷脸”通关，旅客登机通行时间仅需 3~4 秒。

在东直门和三元桥的快轨站推出了城市值机和航班查询的前置服务。在停车场实现了停车诱导、无感支付、提前支付，进一步缩短等待时间，提高了停车场周转效率。大力推动无纸化乘机，目前已实现国内及部分国际始发旅客全流程无纸化乘机。基于图像识别和精准定位技术，落地智能停车、智能导航导乘和智能行李追踪等重点项目，持续推动旅客服务的智慧化发展。

延伸阅读

开创多个“首次”的 T3 航站楼——奥运会的“守护者”

鸟巢和水立方作为奥运主场馆，在 2008 年北京奥运会中大放异彩。北京首都国际机场 T3 航站楼、停车楼及交通中心则承担起了 2008 年北京奥运会的国内外主要运输工作，是奥运会工程的重要配套项目。这一工程荣获 2008 年度中国建设工程鲁班奖（国家优质工程）、第八届中国土木工程詹天佑奖，并入选北京当代十大建筑。

T3 航站楼是当时世界上一次性建成的最大复合型枢纽机场航站设施，开创了多个“首次”。T3 航站楼首次在国内采用旅客自动捷运系统（Automated People Mover System，APM），满足旅客在主楼和卫星楼之间的摆渡需求，该系统轨道长 6 公里，每小时可运送旅客 8200 人。T3 航站楼首次采用多功能组合机位和专用登机桥，可以满足空客 A380 这样超大型飞机的停靠需要。航站楼信息系统高度集成，按照枢纽机场运营模式，通过与多个机场业务系统连接，可以获得全面的旅客信息，满足机场各相关单位对旅客及行李的信息采集、验证、处理、查询需求，有效跟踪确认旅客信息，使安检业务处理和集中式安检流程更加顺畅。

旅客自动捷运系统

T3 航站楼工程的建成，标志着北京首都国际机场实现了三大目标：一是实现了枢纽机场功能；二是保障了北京奥运会的需求；三是塑造中国“第一国门”的形象。这使北京首都国际机场成为世界一流的大型枢纽航空港，成为镶嵌在北京这座国际化大都市的一颗璀璨明珠。

“凤凰展翅”显实力——北京大兴国际机场

2019 年 9 月 25 日，被誉为“新世界七大奇迹”之首的北京大兴国际机场正式投运。它位于北京市大兴区礼贤镇、榆垡镇与河北省廊坊市广阳区交界处，距离天安门直线距离约 46 公里，是一座各种交通运输方式齐备、配套设施完善、客货运并举、场内外协同的大型综合交通运输枢纽，具有定位高、建设标准高、一次建设规模大、涉及面广等鲜明特点。

北京大兴国际机场

习近平总书记出席投运仪式时强调，既要高质量建设大兴国际机场，更要高水平运营大兴国际机场。要把大兴国际机场打造成为国际一流的平安机场、绿色机场、智慧机场、人文机场，打造世界级航空枢纽，向世界展示中国人民的智慧和力量，展示中国开放包容和平合作的博大胸怀。民航业是国家重要的战略产业。要建设更多更先进的航空枢纽、更完善的综合交通运输系统，加快建设交通强国。

北京大兴国际机场积极推进落实“四型机场”建设，如凤凰展翅高飞，成为应用新设计、采用新设备、集聚新技术的大型综合交通运输枢纽。

平安机场，提供全方位保护

提升安全运行保障

北京大兴国际机场全面采用地井式飞机地面空调系统，在飞机停靠期间能源供应由集中式代替以往的单元式，能效比高；近机位地面电源系统采用立式132组地面电源与隐藏式地井组合的飞机供电保障形式，避免了传统桥挂式电源对登机桥操作、维护的不利影响，增加了桥下通行能力及安全性。北京大兴国际机场通过对毫米波安全门进行技术测试，结合性能制定相应的检查标准及制度、程序等文件，进而在全国率先启用毫米波门安检模式，提升安全防范能力和平稳运行能力。

地井式空调

高级地面活动引导系统

北京大兴国际机场使用的高级地面活动引导系统（A-SMGCS）是国内首个符合国际民用航空组织（ICAO）规定的 A-SMGCS 四级运行标准的系统，即提供监视、告警、路由规划及灯光引导功能的总集成系统，开航后即进入常态化四级能力试运行，使北京大兴国际机场在低能见度条件下的保障能力，达到了世界先进水平。

北京大兴国际机场使用的航空器自动泊位系统、跑道外来物（FOD）自动探测、基于性能的导航（PBN）飞行程序等，提升机场运行效率和安全等级，为机场安全生产、运营管理服务提供高质量运行保障。

多系统智慧联防

安检信息管理系统全面集成离港控制系统、行李安全检查系统、安防视频管理系统、生产运行管理系统的运行数据，全面获取旅客及行李信息，采取科技手段，满足安检人员对旅客及行李信息的查验和处理要求。整合实现工具、商品、大宗液态等的流程审批与安全检查，与飞行区围界道口系统、货运安检系统建立接口，完善空防安全检查数据，为机场提供包含安检、海关、检疫等单位的综合信息联防手段，全面提升机场空防安全保障能力和水平。

绿色机场，生态环保

绿色航站楼

北京大兴国际机场航站楼集成优化被动式设计，充分利用天然光和自然通风，在中央区域，阳光可照射到全部楼层。航站楼综合交通枢纽可实现“立体换乘、无缝衔接”；采用五指廊航站楼构型增加近机位数量，减小旅客步行距离；全球首创“三层出发，两层到达”旅客动线[①]，有效缓解航站楼前交通压力，提高旅客出行效率；采用层间减隔震设计，大幅提高航站楼结构抗震性能。北京大兴国际机场旅客航站楼及停车楼工程已获得国家绿色建筑三星级设计标识认证和节能建筑 AAA 级设计标识认证，是国内首个获得节能 AAA 级认证的建筑，也是目前国内单体面积最大的绿色建筑。

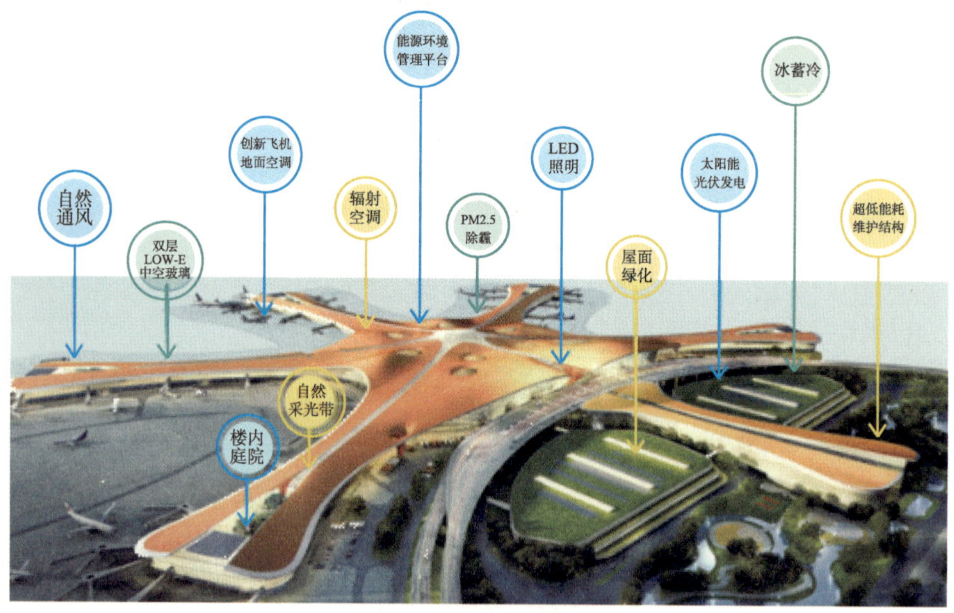

绿色节能的航站楼设计

① 旅客动线是指旅客、行李、服务和信息的流动路线。航站楼的动线主要有旅客流线（包括出发旅客、到达旅客、要客等三种流线）、行李流线、员工服务流线和情报信息流线四种类型。

低碳飞行区

空侧[①]全面推广 GPU（地面电源装置）替代 APU（飞机发动机辅助动力装置），降低了大量航空油料消耗，有效降低碳排放。近机位设置 95 个地井式地面专用空调系统替代桥挂式飞机预制冷空调，能效比高，建设运行成本低，能为旅客提供更舒适的机内空气环境。

地井式 APU 替代设备

飞行区西一、西二两条跑道助航灯光使用全跑道 LED 光源，是国内首次全部采用节能光源的跑道，有效降低机场电力能源消耗。建成并投用除冰废液再生设施，形成除冰液收集、转运、处理和再生闭环处理系统，实现资源的循环利用，惠及京津冀三地机场。

决胜蓝天保卫战

目前，北京大兴国际机场近机位 APU 替代设施使用率达到本场“应用尽用”原则下 100%，累计节约航油约 8000 吨、减少碳排放 145 吨；远机位

① 空侧，是相对于陆侧而言的，是机场区域划分的一种。一般是指飞行器区域，机场内旅客和其他公众不能自由进入的地区。

采取“固定式 + 移动式地面空调机组”、组合地井等多种设备相结合的方式，有效减少机坪内飞机引起的空气污染；场内共有新能源车辆 63 类共 1349 台，车辆占比为 77%，其中通用车辆 100% 为新能源车，特种车 63% 为新能源车，大大降低了汽柴油使用量和碳排放量；建设地源热泵、太阳能光伏、太阳能热水三大可再生能源系统，可再生能源利用规划比例达到 16%，提高了机场的绿色发展水平。

新能源车辆
与直流快充充电桩

智慧机场，始于规划

“五纵两横”的综合交通网络规划

北京大兴国际机场位于北京市南部，距离天安门直线距离 46 公里，较北京首都国际机场到天安门 25 公里的距离增加了近一倍，高效便捷的综合交通系统和公共交通服务是提高出行体验的重要因素。在国家发展改革委的牵头组织下，民航局、北京、河北共同完成了北京大兴国际机场综合交通系统规划研究，以便捷旅客出行为根本出发点，最终形成了外围“五纵两横”为主干的综合交通网络规划。

“三纵一横”的创新跑道构型

在国内机场首次采用“三纵一横”侧向跑道构型，显著提高空地一体化运行效率，减少航空器能源消耗，降低噪声影响。侧向跑道可以避开北面禁区，减少飞机为躲避北京首都国际机场航线而产生的绕行；向南偏转 20 度，飞机噪声可避开廊坊主城区等人口聚集区。

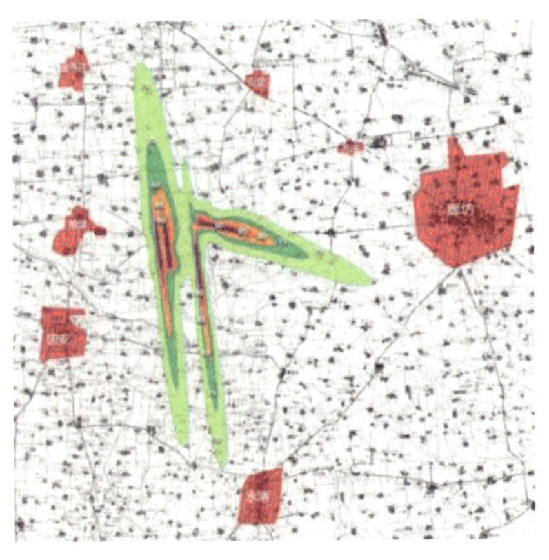

“三纵一横”侧向跑道

5G 助力智慧服务

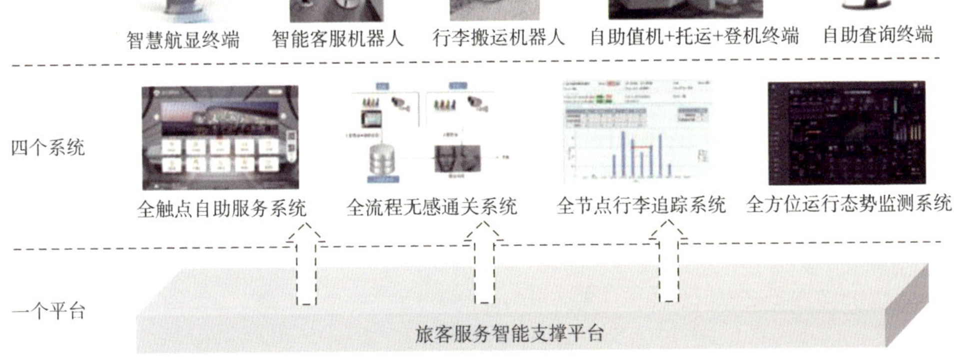

旅客服务智能化应用成果

北京大兴国际机场通过数据中心网、骨干网和终端接入网构建起覆盖全场全业务的专用高速网络，实现航站楼、飞行区、工作区网络全覆盖，并为机场运行管理各类业务的有线、无线终端提供服务，成为“互联网 + 机场”的典范。北京大兴国际机场实现 5G 网络全覆盖，可承载 10 万人并发通信。

依托5G高速网络，在大数据、人工智能（AI）、虚拟现实（VR）、移动视频、自动驾驶、物联通信等方面为未来提供无限可能。智慧机场旅客服务提供智慧航显终端、智能客服机器人、行李搬运机器人、自助值机＋托运＋登机终端和自助查询五类服务终端，为旅客的出行提供更加便捷、愉悦的服务体验。

人文机场，关注旅客出行体验

集约开放工作区

北京大兴国际机场首次引入城市设计理念，采取公共交通为导向（TOD）的发展模式，打造开放式街区，形成地块尺度适宜、功能区划清晰、景观体系连续、道路系统分级、公共交通便捷的机场工作区，促进街区公共空间使用，实现土地资源的集约高效利用。

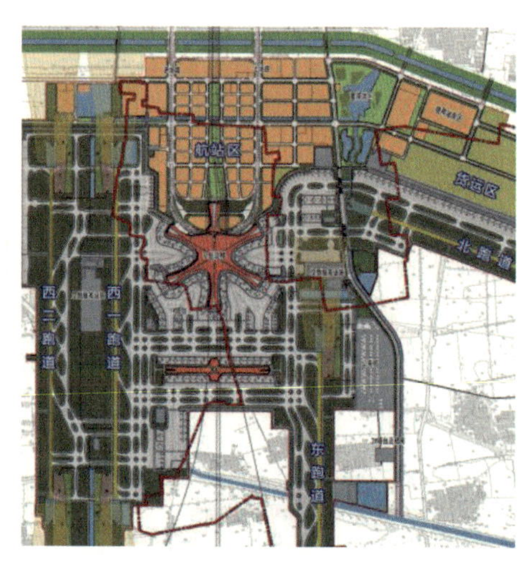

北京大兴国际机场近期规划图

地图及位置一体化共享服务平台

以地图服务为依托，建成高精度综合定位平台，综合使用GPS/BDS、广播式自动相关监视系统（Automatic Dependent Surveillance-Broadcast，ADS-B）、超宽带（UWB）、Wi-Fi、蓝牙等多种定位技术，展示车辆、航空器的位置信息，成为不受时间和天气影响的“监察员”，实时反映机场整体运行态势。在航站楼内，可通过人员定位热力图，判断人员高密度聚集区域，便于及时调配资源；在飞行区内，可实现车辆辅助导航功能，结合电子围栏技术，对场内车辆实现监察。

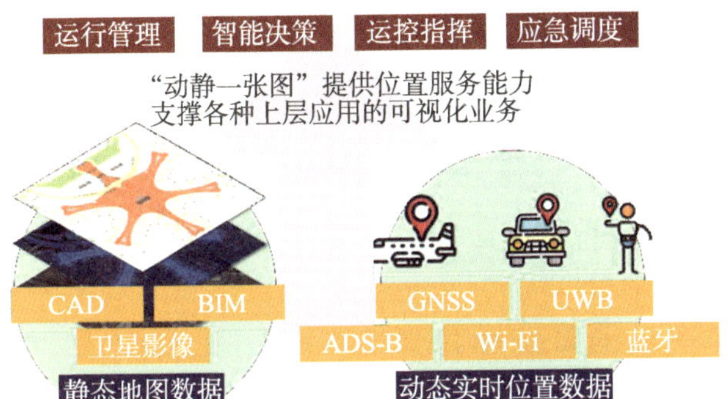

地图及位置一体化共享服务平台

全渠道旅客服务

基于大数据技术构建机场统一的旅客服务数据库，融合“互联网 +”服务平台，实现线上机场官网、手机 App、微信生态服务及线下旅客自助综合服务终端等全渠道旅客服务。

北京大兴国际机场

同时，北京大兴国际机场率先实现全流程“无纸化出行”，整合国内、国际旅客流程各节点，彻底打通值机、安检、登机及离境退税、免税购物、倒流查验等环节。该项成果被授予国际航空运输协会（International Air Transport Association，IATA）“便捷旅行”项目最高认证——白金标识和“2019 年度场外值机最佳支持机场”奖项。

综合交通枢纽的典范——上海虹桥综合交通枢纽

从外滩向西近 10 公里外，被誉为中国 2010 年上海世界博览会“空中大门”的虹桥综合交通枢纽站于 2010 年 3 月 16 日正式启用。这个总建筑面积达 150 万平方米、日设计旅客量可达 110 万人次的庞大建筑，集民用航空、高速铁路、城际铁路、长途客运、地铁、地面公交、出租汽车等多种交通运输方式于一体。

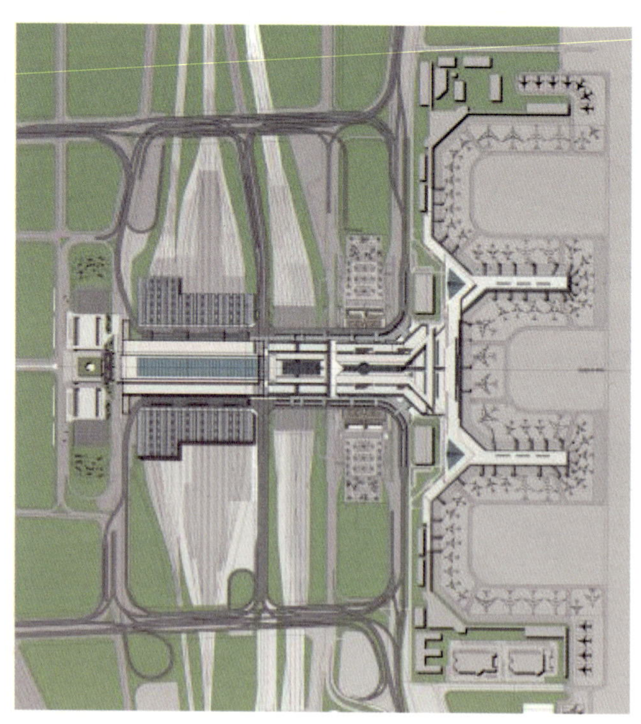

上海虹桥综合交通枢纽总平面图

上海虹桥综合交通枢纽主体建筑呈东西向布局，由东至西分别是：上海虹桥国际机场二号航站楼（T2）、东交通中心、磁浮车站、高铁虹桥站、西交通中心。其中，东交通中心集中了地铁、公交和停车楼，服务于机场与磁浮；西交通中心集中了地铁、公交、长途汽车和停车楼，服务于高铁。

在上海虹桥综合交通枢纽的项目建设过程中，通过一系列的技术研究和攻关，我国具备了自行设计、建设和运行超大型综合交通枢纽的能力。

365 米间距近距平行跑道解决土地资源紧缺的问题

2005 年 11 月，上海虹桥国际机场总体规划经过各种方案比选，新增一条近距离平行跑道，中心线间距 365 米。2020 年，上海虹桥国际机场旅客吞吐量 3116.6 万人次，起降架次 21.94 万、高峰小时飞行架次为 57 架次。该方案在满足飞行区容量要求的基础上，大大节约了土地，为上海虹桥综合交通枢纽的规划建设创造了条件。

上海虹桥国际机场近距平行跑道开创了国内先河，成功解决了虹桥地区土地征地费用昂贵、土地资源紧缺的问题，为上海建设虹桥综合交通枢纽、服务长三角地区提供土地保障。

100% 近机位比例，提升人性化机场服务标准

上海虹桥国际机场 T2 航站楼主楼加指廊的建筑构型，易于分期建设，可满足每年 3000 万人的旅客量需求，并具有进一步提升容量的潜力。100% 的近机位比例，为建设人性化机场提供有力支持。在 T2 航站楼机位设计中，为提高机坪利用率和飞机运作效率，航站区站坪均规划 3 条平行滑行通道，同时对其中某些机位运用了组合机位的设计。这样就可以根据实际航班情况来安排停机位，从而大大提高机坪使用效率及其灵活性。

“到发分层、多层面、多通道”实现便捷换乘

上海虹桥综合交通枢纽规划设计中采用了“到发分层、多层面、多通道”的换乘理念，并在内部设置了大量自动步道，以缩短旅客换乘时间。整个建筑采用“上进下出”的方案，所有出发旅客都可从 12 米层进入枢纽建筑，分别从地面层或地下层离开枢纽，出发和到达的旅客都可以使用 6 米层的车道边[①]。

上海虹桥综合交通枢纽

指挥、运营一体化

通过构建多种交通运输方式的信息共享平台，实现了上海机场“多机场、

① 车道边是综合客运枢纽主体设施中换乘功能空间的重要构成，是枢纽内实现人、车换乘的空间表现形态之一。

集团化”的航班生产信息系统，以及机场、地铁、磁浮、高铁、长途汽车、公交的信息化系统对接和信息共享，实现了上海虹桥综合交通枢纽指挥系统的一体化。同时，实现了航空与铁路的“空铁通”，开通了上海浦东国际机场在上海虹桥综合交通枢纽的远程值机，开通了上海机场在昆山等地的城市航站楼，实现了上海虹桥综合交通枢纽运营系统的一体化。

上海虹桥站

打造国际开放枢纽

虹桥商务区位于上海中心城区西侧，紧邻江浙，地处长三角地区交通网络中心，是长三角城市群的核心。虹桥商务区的发展目标是，打造国际开放枢纽，建设国际化中央商务区、国际贸易中心新平台。到 2025 年，虹桥商务区服务长三角、连通国际的枢纽功能将不断提升，成为具有世界水准的国际大型会展目的地，成为总部企业、国际组织和专业机构的首选地，成为国际商务资源集聚、贸易平台功能凸显、各类总部企业活跃的经济增长极，基本建成上海虹桥国际开放枢纽。

（二）科技创新为民航运输保驾护航

我国民航领域自主创新的科技成果不断涌现，一批具有自主知识产权的新技术取得重要突破，并在实际运行中得到充分应用，提高了旅客的出行满意度，有力支撑了民航快速发展下的安全高效运行。

2018 年 5 月 14 日，四川航空公司 3U8633 航班在成都区域巡航阶段突发意外。在驾驶舱失压、气温骤降、仪器多数失灵的情况下，机长刘传健凭借过硬的飞行技术和良好的心理素质，民航各保障单位密切配合，机组正确处置，安全备降成都双流国际机场，所有乘客平安落地。

3U8633 航班机组的临危不乱、果断应对、正确处置，避免了一次重大航空事故的发生。而中国民航也在持续不断地研发新技术，为航空运输的安全保驾护航。

智慧绿色——“中国智造”国产行李处理系统

2019 年 9 月 25 日，被誉为“新世界七大奇迹”之首的北京大兴国际机场正式投运。这一“凤凰展翅”的高光时刻，也是国产自主研发的机场行李处理系统的一个里程碑。在设计、施工全过程中贯穿了绿色智慧科技理念，用科技创新服务好国家战略，将北京大兴国际机场的行李处理系统打造成世界级，从而助力北京大兴国际机场迈向“智慧机场 3.0 时代”。

北京大兴国际机场行李处理系统

重庆机场行李处理系统

机场行李处理系统是航站楼内规模最大、结构最复杂的系统装备，不仅要完成出港行李的集中收集、安全检查、高速注入、高效分拣、全程跟踪等，还要完成行李的中转运输和进港行李的收集、安检和提取等功能。一个典型的大型机场，在一个小时内要处理几十趟航班上万件行李，其架构非常复杂。而且，行李处理系统的稳定性直接关乎航空安全、旅客体验和航班正点率，对机场的正常运营至关重要。一旦出现故障，轻则造成机场混乱，重则导致机场瘫痪。

20 年前，我国大部分机场行李系统技术还处于传统的人工分拣阶段。虽然国内多个企业曾投入大量人力、物力和财力进行系统的创新研发，但核心关键技术仍很难突破。这些关键技术长期被国外垄断，我国民航机场行李系统建设基本只能依赖进口。高昂的造价和售后服务，不但让许多民航机场不堪重负，而且存在安全隐患。

民航二所国产行李处理系统的自主创新之路

民航二所国产行李处理系统发展历程

发展阶段	研发详情	图片示例
①传统的人工分拣阶段	传统的人工分拣方式存在效率低、行李损坏率高、旅客满意度差等不足。面对严峻的形势，中国民用航空总局第二研究所（后为中国民用航空局第二研究所，简称“民航二所”）经过充分的调研和分析，在 1999 年成立了“机场行李自动分拣系统”专项课题组，从此开启了行李处理系统的自主创新之路	传统的人工分拣行李模式
②行李从人工到自动处理的重大飞跃	行李处理系统不仅要有准确性、时效性，还要有安全性，民航行业要求的是对安全事故零容忍。为确保对行李 100% 的精确跟踪和分流，研发人员经常通宵拼搏在测试现场，一边“头脑风暴”解决技术难题，一边积极尝试技术突破，最终研制出了国内第一套具有自主知识产权的行李自动处理系统	行李自动处理系统

续上表

发展阶段	研发详情	图片示例
③行李从自动到高效处理的重大升级	随着中国民航的迅猛发展，民航客流量和行李量均呈现显著增长趋势，对机场行李进行集中高效处理的需求越发迫切。民航二所于 2008 年决定“负重前行”，直面挑战和困难，最终历时四年时间成功研制出亚洲第一套基于翻盘式分拣机（TTS）的行李高效处理系统。该系统的分拣效率可达传统自动化设备的 3~4 倍，实现了行李从自动到高效处理的重大升级	基于翻盘式分拣机（TTS）的行李高效自动处理系统研发场景
④行李从高效到高速处理的重大升级	近年来，随着我国民航业的进一步飞速发展，客流量和行李量再攀高峰，我国航站楼建设出现由集中式向分散式发展的趋势，航站楼间或航站楼与卫星厅之间的距离越来越远，近则 1~2 公里，远则数公里，因此，对机场行李不仅要求集中高效处理，而且要求长距离高速传输。为满足上述需求，民航二所经过四年多的努力，终于成功研制出亚洲第一套基于独立运载小车（ICS）的行李高速处理系统。该系统的最高输送速度可达 10 米 / 秒，为传统输送速度的 10 倍以上，这也实现了行李从高效到高速处理的重大升级	基于独立运载小车（ICS）的行李高速处理系统
⑤行李由人工监管到智慧监管的重大实践	民航二所一直在积极探索攻关有效降低行李差错率的技术和解决方案，已成功研发出基于无线射频识别技术（RFID）的行李全程跟踪系统。北京大兴国际机场全面采用基于 RFID 的行李追踪系统，实现了旅客行李全流程的跟踪管理。旅客可以通过手机 App 实时掌握行李状态，有效缓解了旅客等待行李的焦急情绪，体现了民航局为旅客提供真情服务的理念	基于 RFID 的行李全程跟踪系统

行李处理系统的未来畅想

《新时代民航强国建设行动纲要》和《中国民航四型机场建设行动纲要（2020—2035 年）》先后出台，明确指出要加快“智慧机场”建设的进程，对行李处理系统的柔性智能、灵活高效等方面提出了更高要求。民航二所从 2017 年开始探索和实践自主能力更强、智能化程度更高、面向未来机场的行李处理新技术。

基于自主移动机器人（Autonomous Mobile Robot，AMR）集群的行李处理技术具备较高的智能性、扩展性和灵活性。未来，机场行李的值机、开包和分拣等环节，可从行李柜台值机托运开始。行李运输、安检、开包、分拣等多个流程均由 AMR 集群独立完成，可实现未来机场行李全流程的无人化、智能化处理。

AMR 集群

二十年磨一剑，专注只做一件事。我国的行李处理系统历经多代产品的升级迭代，才成功盖上了自主知识产权的印章，在第一个十年里开创了国内行李处理新纪元，解决了从无到有的问题；在第二个十年内实现了国内重大装备国产化，让“中国智造”登上世界舞台，从行业的追赶者变成行业的引领者，铸造了民航科技示范标杆。国产自主行李处理系统的成功研发，表明我国自主创新产品已经具备赶超国外同类产品的实力。相信在不久的将来，随着人们使用“国货”的意识不断增强，我国将会涌现出越来越多的国产精品，助力“中国制造”转变为“中国创造”并走向世界。

为智慧民航注入新动能——旅客服务系统

民航旅客服务系统，即PSS系统，主要包括航空公司的航班管理、机票预订、机场旅客服务等业务应用。20 世纪 80 年代初期，以中国民航引进美国优利公司的民航旅客计算机订座系统为起点，经过近 40 年的引进、消化、吸收、再创新，中国民航信息集团公司（简称“中国航信”）逐步构建起支撑民航信息化发展的订座、离港、分销、结算四大商务信息系统。目前，该系统处理航班订座量超过 6 亿人次 / 年，在国内近 200 家机场和国外 100 多家机场为旅客提供出行服务，是我国交通旅游运输行业覆盖最广、最先进的信息系统。

国产化快速发展

2007 年，中国民航在世界上率先实现 100% 电子客票。中国航信自主研发的电子客票系统，完全符合国际航协电子客票标准及中国民航行业标准，达到了世界先进水平，为民航业节约了大量成本。2009 年 5 月，在北京首都国际机场投入使用的手机值机产品，用电子登机牌替代传统的纸质登机牌，开创了国内真正意义上无纸化登机的先河；后续推出的一系列多渠道自助服务简化出行产品，在人性化、标准化和安全性等方面已经达到国际先进水平。

手机自助值机

自主创新推动新发展

推进行业发展

中国航信按照“自主、渐进、开放”的原则，从 2011 年至 2017 年，逐步建设并交付了自主可控、架构灵活、技术领先、产品丰富的新一代旅客服务系统，缩短了与国际同类先进系统的差距，提高了中国民航的旅客服务水平和国际竞争力，促进了行业发展。

关键技术突破

新一代旅客服务系统实现了高性能的航班海量查询。目前已承接中国民航 60% 的航班管理业务，航班查询日均交易量达到 5.8 亿次，处理峰值达到 13000 个事务 / 秒，库存计算平均响应时间仅 2~3 毫秒，换季时期的航班查询等关键业务的处理效率提升了 90%。此外，国际客票运价计算系统（FareSky）完全取代了中国民航从 20 世纪 90 年代起长期租用的国外系统，成功打破了欧美的垄断，填补了中国乃至亚洲地区在此领域的空白。新一代旅客服务系统实现了相关技术领域的自主创新，申报专利 15 份，软件著作权 23 份，协助制定民航行业标准 4 个，发表专业论文 5 篇。

促进行业信息繁荣

新系统的建设投产，促进了民航商务信息系统的繁荣发展。2012 年，中国航信自主研发的“航旅纵横”手机 App 正式发布。通过对民航数据和服务的深度整合，目前用户量已突破 5000 万，成为国内最权威、功能最强大的民航信息服务产品。2016 年开始，中国航信集成了民航旅客无纸化便捷通关“航信通”、安检智能人脸识别“人证合一”、行李跟踪“航易行”、机场协同决策（A-CDM）等多项创新功能，将在旅客服务的全链条提供安全、快捷、主动的服务，并实现灵活高效的机场运营和管理。拥有自主知识产权的新一代机场旅客处理系统（New App），实现了四级备份安全体系，技术在世界同类系统中处于领先地位，也使中国民航订座、离港系统成为世界最可靠、可利用度最高的系统。

旅客服务系统未来规划

建设第三代旅客服务系统

中国航信已启动规划、建设第三代旅客服务系统，目标是建设国际一流的旅客服务系统，打造我国民航客运的智能基础设施平台，满足中国民航的发展需求，为智慧民航建设注入发展动能。

引领航空新零售时代

对标世界一流系统供应商，结合中国航空公司实际发展需求，提升航空公司零售能力。中国航信将全力支持中国航空公司在零售化和数字化转型的新阶段实现跨越式发展。

推动行业全面数字化转型

为推动中国民航全面数字化转型，启动建设航空公司零售时代的智能化收益管理系统，利用大数据、物联网、生物识别等技术，建设包括智慧运营、智慧安检、智慧服务、智慧商业等在内的智慧机场解决方案，助力行业提升旅客服务水平，持续提升全流程服务旅客的能力。

新航行系统的“硬核技术”——基于性能的导航（PBN）

作为新航行系统三大技术之一的导航技术，其发展水平深刻影响着飞行、管制的安全和效率。基于性能的导航（Performance Based Navigation，PBN）是飞行运行的重大变革，也是中国航空器导航新技术变革，能有效促进民航持续安全，增加空域容量，减少地面导航设施投入，增强节能减排效果，是我国从航空大国向航空强国迈进、建设新一代航空运输系统的核心技术之一。

PBN 革新传统导航

在上一代航行技术中，航空器主要使用传统导航方式，利用地面导航台信号，通过向台或背台飞行实现对航空器的引导，飞行航线受地面导航台布局的制约，无法实现两机场间的直线飞行。传统陆基导航无法提供高精度导航，导致为保障飞行安全所需的空域非常大，空域利用率极低。

随着航空器性能的提高和卫星导航等先进技术的不断发展，ICAO 提出了“基于性能的导航”概念。PBN 是基于卫星等导航源的导航方式，提供直观精确的“地图导航”方式，有效增强驾驶员的航空器位置情景意识，减轻驾驶员负担，实现全空域仪表导航，有效提升民航运行安全性。

在导航应用中，PBN 不再单独强调陆基导航系统或卫星导航系统及其性能，而是强调航空器机载系统性能、卫星导航系统性能与陆基导航系统性能相结合的综合导航性能，更加注重航空器在综合利用各种导航资源基础上所形成的自身导航能力与飞行能力，充分体现了导航方式从基于“地面导航”“传感器导航”到“基于性能的导航”的根本转变。

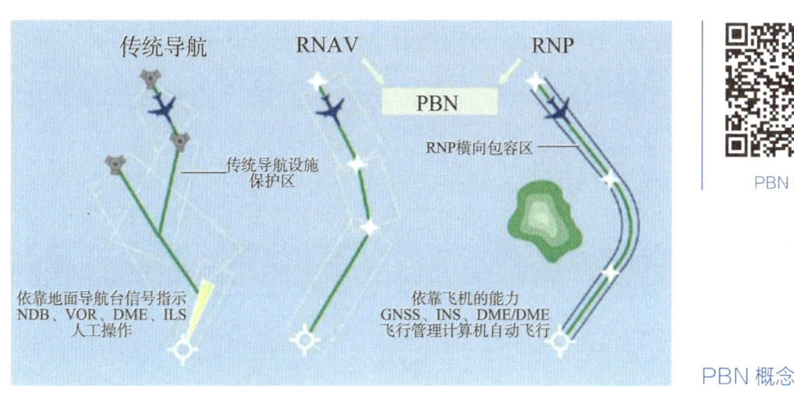

PBN 解说

PBN 概念示意图

打破西方技术垄断

2005 年，PBN 已成为国际上航行技术的发展新趋势，中国民航推广 PBN 飞行程序也势在必行。但在当时，中国机场的 PBN 程序设计均被国外供应商所垄断。中国民航科学技术研究院（简称“航科院”）响应民航局

PBN 推广的号召，与一家已掌握 PBN 技术的美国公司开展合作，共同为中国的机场设计 PBN 飞行程序。

2005 年 4 月，由中美合作研发的拉萨贡嘎国际机场 PBN 飞行程序验证试飞成功。当看着一架波音 757 飞机运用 PBN 飞行程序在拉萨贡嘎国际机场腾空而起时，中国民航科研人员下定决心，一定要排除万难，攻克 PBN 技术。功夫不负有心人，经历了无数个挑灯夜战的日子，航科院终于在 PBN 飞行程序设计上实现了重大突破。2010 年，宁夏固原六盘山机场的 RNP APCH 飞行程序由我国技术专家自主设计完成，打破了国外垄断。自此，国内第一个自主开发、具有自主知识产权的 RNP APCH 机场飞行程序宣告诞生！ 2010 年 11 月 9 日，深圳宝安国际机场飞行程序也正式全面实施，这是我国自主设计的第一个双跑道 RNP APCH 飞行程序。

此后，我国科研人员继续刻苦钻研。2012 年 5 月 29 日，厦门航空公司 B-5278 号 B737-700 高高原型飞机在拉萨贡嘎国际机场顺利完成了 RNP AR 验证试飞，实现了中国民航 RNP AR 程序设计零的突破，为中国民航大力推进 PBN 飞行程序奠定了坚实的基础。

经过多年积累和探索，中国运输航空已全面建立起 PBN 程序设计的能力，并持续推进 PBN 在通用航空领域的应用。2019 年，我国自主设计的第一个通用机场 RNP APCH 飞行程序在荆门漳河机场完成 PBN 程序验证。机场利用 PBN 飞行程序的灵活性，优化进离场航迹，大大减少了与周边限制空域的矛盾冲突。

至此，中国已全面打破国外供应商在该领域的垄断地位，具备了 PBN 飞行程序设计全过程能力，可以独立完成 WGS84 数据采集、程序设计、ARINC 424 编码、程序及编码验证、RAIM 预测、导航数据库维护等全过程技术工作。目前，我国大部分运输机场已具备 PBN 运行能力。

“站好每一班岗”——基于多数据源的全球航班运行监控系统

在全球航班监控市场竞争加剧的背景下，各国的航班运行监控技术代表的是一个国家民航未来的升级方向。基于多数据源的全球航班运行监控系统的发展，使我国一举打破国外品牌对航班运行监控的技术垄断。

航班运行监控与广播式自动相关监视

航班运行监控

航班运行监控是指通过各种监控系统了解地面及空中运行航班的位置和飞行状态，同时对航路、目的地和相关机场的天气变化等可能影响飞行安全的各种因素进行实时监控和评估，及时向空中机组和地面相关运行部门提供信息和技术支持，确保航班正常安全运行。

2014 年 3 月发生的马航 MH370 失联事件在全球引发了极大震动。2015 年 11 月，ICAO 理事会通过修订《国际民航公约》，制定了航班飞行追踪规范，强制要求航空承运人在 2018 年 11 月 8 日前，实现对其海洋区域运行至少每 15 分钟通过自动报告对航空器进行追踪。由此，更进一步提出了充分利用现有的技术和条件及时获取飞机位置、简化飞机定位程序、实现飞机位置信息的共享，以及改善空中交通服务单位针对飞机异常情况进行告警服务能力的要求。

广播式自动相关监视（ADS-B）

广播式自动相关监视（ADS-B）是利用地空、空空数据通信，完成交通监视和信息传递的一种航行新技术，即无需人工操作或者询问，可以自动地从相关机载设备获取参数，向其他飞机或地面站广播飞机的位置、高度、速度、航向、识别号等信息，以供管制员对飞机状态进行监控。同时，ADS-B 可为航空器提供相关交通信息，传送天气、地形、空域限制等飞行信息，使机组更加清晰地了解周边的交通情况，提高情景意识；并可用于航空公司的运行监控和管理，为安全、高效地飞行提供保障；还可以用于飞行区的地面交通管理，防止跑道侵入。

与雷达系统相比，ADS-B 能够提供更加实时准确的航空器位置等监视信息，建设投资只有前者的 1/10 左右，并且维护费用低、使用寿命长。使用 ADS-B 可以增加无雷达区域的空域容量，减少有雷达区域对雷达多重覆盖的需求，大大降低空中交通管理的费用。

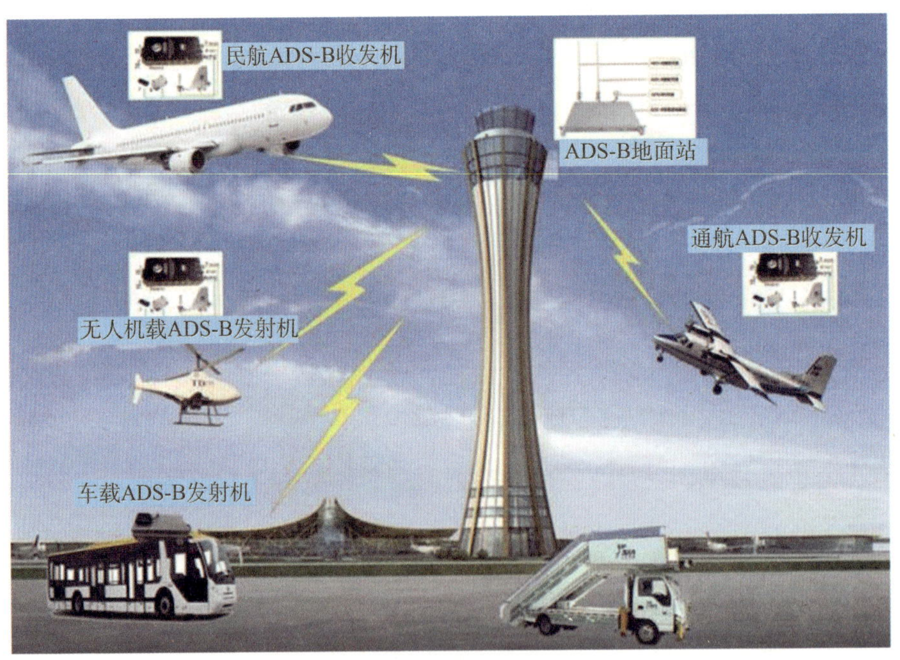

ADS-B 系统组成示意图

基于多数据源的全球航班运行监控系统的研发之路

工欲善其事，必先利其器。自2013年起，航科院抽调科研人员紧追前沿科技，刻苦钻研，自主研发高性能 ADS-B 地面站，并在全国各大机场及航空公司部署。为了更好地服务于日益完善的国际航线网络和响应民航局《航空承运人航空器追踪监控实施指南》的要求，航科院与国际最大数据厂商 FlightAware 开展合作，采购了 FlightAware 基于星基 ADS-B 的全球航班数据。

随后，在航班运行控制领域中的航空器运行态势智能感知与风险防控关键技术方面，采用地理信息空间分析、开放缓存服务等多种技术，融合构建了航班运行云服务平台——基于全球实时 ADS-B 航班数据的多源数据融合下的航班运行监控系统。

该系统结合 ADS-B 数据，并基于 GIS 技术将气象、航行情报、飞行计划、航班动态等多种信息展现在各类电子航图上，从空中到地面无缝衔接，实现了空地一体展现。通过“一张图”模式高效管理、分析各类航班运行的相关数据，实现更准确的航班态势监视与风险识别。

这一技术极大提升了我国航空器的监控能力，构建航空器全链条运行风险识别模型，其中在高度、油耗推测、中断起飞等维度的风险识别，填补了国内传统监控的空白，打破了国外相关系统的垄断。基于多数据源的全球航班运行监控系统的成功发展，既是对过去我国航班监控技术的肯定，也将开启未来全球航班运行监控新的发展篇章。未来，国产融合多数据源的全球航班运行监控系统，将以更加先进的功能性需求赋能新一代民航运行监控，努力跻身民航新技术航班监控领域的第一方阵。

及时发现隐患——飞行品质监控

飞行品质监控是一种数据分析的方法或技术，是一个让民航局和航空公司识别危险源并控制或减轻相关安全风险的工具，同时也是一项在民航日常运行过程中需要开展的重要分析工作，是国际上公认的保证飞行安全的重要手段之一，已得到世界民航业的普遍认可。

中国民航的“QAR 工程”

延伸阅读

1997 年 6 月 19 日，中国民用航空总局发布《关于成立 QAR 改装工作领导小组的通知》，标志着中国民航行业性的飞行品质监控工作正式起步。

1997 年 9 月 17 日，中国民用航空总局颁布适航指令《关于加装快速存取记录器（QAR）的规定》，要求从 1998 年 1 月 1 日起，在中国境内注册并营运的运输飞机应当安装快速存取记录器（QAR）或等效设备，中国成为世界上第一个强制安装机载 QAR 设备、开展飞行品质监控的国家。

随后，中国民用航空总局颁布了一系列规章和咨询通告，标志着飞行品质监控工作正式纳入中国民航运行管理。

中国民航飞行品质监控工作有三个特点：研究时间早、工作开展起点高、运行和管理扎实有效。飞行品质监控作为一种主动、有效的安全管理措施，为航空公司和政府监管部门提供了非常有力的安全管理工具。经过多年的高效运行，基本消除了飞行员的有意违章行为，使我国机组责任原因事故征候在 2000 年后大幅度减少，运输航空重大事故率由 1990—1999 年的百万小时 1.479 次下降到 2010—2019 年的 0.012 次。

大数据+AI 助力飞行数据分析智能化

中国民航飞行品质监控基站的建立

2012 年 8 月，在 50 多家航空公司均已开展飞行品质监控工作的基础上，民航局决定建立中国民航飞行品质监控基站（简称“局方基站”），整合全行业飞行品质数据，提高民航持续安全发展的综合保障能力。

2018 年 1 月，局方基站正式上线运行。截至 2020 年底，局方基站完成了国内 55 家运输航空公司 QAR 数据接收分析工作，飞机监控占比超过 98%（全行业运输飞机 3903 架），日均接收处理 16000 多个航班数据；实现了译码分析、数据抽取、关联分析、风险评估、共享发布等功能，建成规模化、集中化的 QAR 数据分析与应用平台。

局方基站机房一角

局方基站结合行业的热点和难点问题，联合航空公司共同开展深入的理论研究、模型构建、分析挖掘工作，研究成果在行业内得到广泛共享，显著降低了民航飞行事故和严重征候的发生概率。

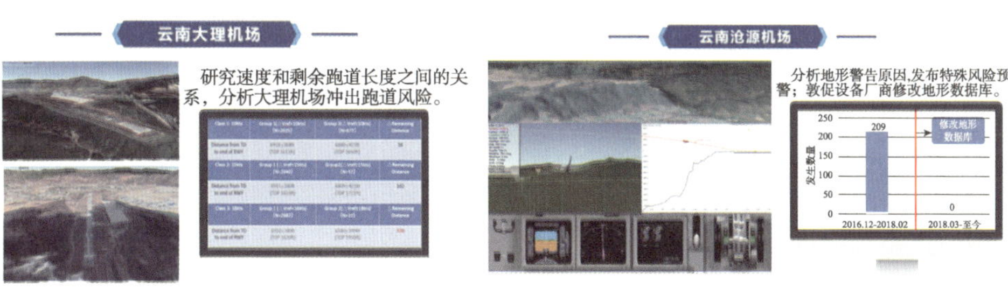

局方基站研究成果应用
——分析大理机场冲出跑道风险

局方基站研究成果应用
——沧源机场近地警告风险预警

局方基站的建立是中国民航飞行品质监控工作的又一次重大飞跃，使中国成为世界上唯一一个整合分析全行业飞行品质监控数据的国家。现阶段，由“中国民航飞行品质监控基站”和“中国民用航空安全信息系统”双支撑的安全大数据格局已初步成型。

智能化的数据分析与数据挖掘应用

当前，新一轮科技革命和产业变革正在加速演进，大数据、人工智能、互联网、云计算等新技术正与实体经济加快融合，新产业、新业态、新模式蓬勃发展，全球民航业正在快速进入“智慧民航”时代。

现阶段，局方基站正在积极开展二期建设的规划设计工作，达到“2025年日处理 6000 架飞机”的能力，增强数据共享共用功能；实现数据化驱动、可视化监管、程序化控制与科学化决策相结合的安全管理新常态。

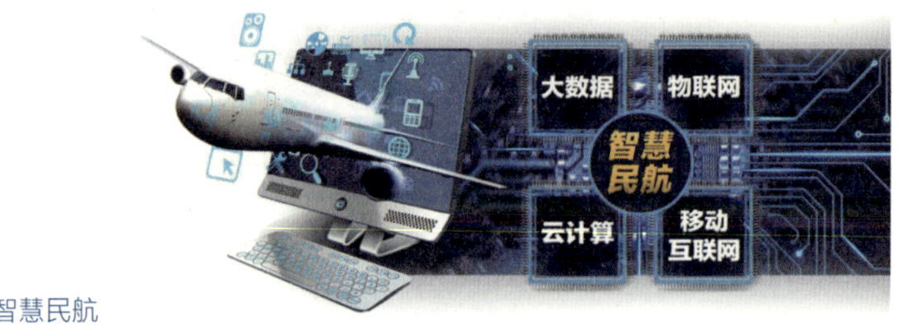

智慧民航

未来，中国民航将以智慧民航为导向，以科技创新为支撑，借助大数据+AI 等新技术在精准性、预见性、协同性等方面的优势，构建高质量的数据清洗、存储、处理和共享平台，拓展数据分析应用，实现飞行品质监控多元化分析，对航空公司、机场、机型、航线等进行安全风险综合评估预警，增强安全运行态势的预判和把控能力，将航空安全水平提升到“智慧安全”新阶段。

拦住冲出跑道的飞机——特性材料拦阻系统（EMAS）

“基本上跟我们正常刹车的感觉一样……”在经历了一番有惊无险后，试飞员如是说。

针对国产特性材料拦阻系统的真机验证试验

这是航科院于 2012 年 3 月 29 日在天津滨海国际机场第二跑道上进行的第六次针对国产特性材料拦阻系统的真机验证试验。随即，民航局审定小组在试验现场宣布：拦阻系统真机试验圆满成功！

为冲出跑道的飞机设置最后一道安全屏障

最频繁发生的航空事故类型

2020 年印度客机冲出跑道

根据 IATA 的统计，2015—2019 年，全球发生的航空事故中，有高达 1/4 的事故是由冲偏出跑道引起的。此类事故往往会带来灾难性的后果。

1000 英尺的规定与现实桎梏

美国联邦航空局（FAA）针对冲出跑道的飞机开展了大量研究，并作出规定：自跑道末端算起，1000 英尺（约合 304.8 米）内必须设置为跑道端安全区。ICAO 和民航局也相继出台了与之类似的规定。但是，有些机场受地形影响，新建、改造难度过大，难以满足标准。还有一些机场，跑道端安全区外为陡坎、深沟、水面、道路等危险地形，飞机一旦冲出跑道，后果不堪设想。那么，有没有一种方法能拦住冲出跑道的飞机呢？

突破与超越——特性材料拦阻系统

特性材料拦阻系统（Engineered Material Arresting System，EMAS）是一种铺设在跑道端外地面上的飞机拦阻系统。它的工作原理类似于游乐场里的海洋球。在游乐场，儿童滑下滑梯时，会被海洋球安全拦停下来。特性材料相当于海洋球，当飞机冲入特性材料后，通过材料溃缩吸收飞机的动能，实现拦阻飞机的效果。“海洋球”的选择十分重要，特性材料的难点在于既要具备足够的强度，使飞机减速，同时硬度又不能过大，以免在拦停中对飞机主结构或机上人员造成损伤。

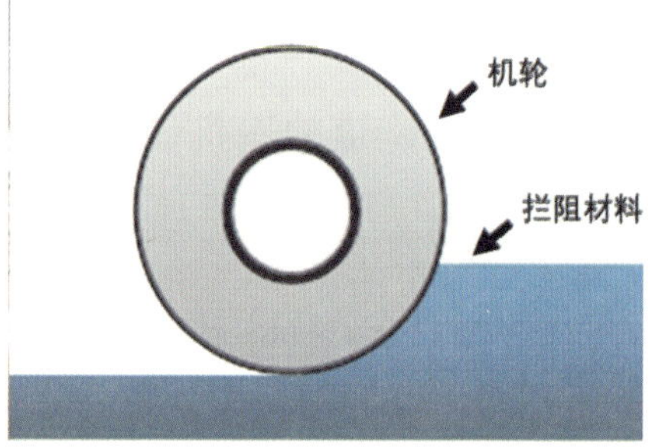

海洋球与 EMAS

1996 年，FAA 开始与新加坡艺思高科技有限公司（ESCO）开展合作研究，研发了一种 EMAS。此外，瑞典一家公司也开发了以泡沫玻璃为材料的 EMAS。

国产 LANZU-1 型 EMAS 的研发

国际上，美国率先具备了比较完善的 EMAS 研制能力，形成了对机场跑道拦阻系统关键技术长达十几年的垄断。2006 年，美国的 EMAS 在九寨黄龙机场铺装。九寨黄龙机场成为我国首个铺装了飞机拦阻系统的机场，但工程耗资巨大，共投入 9600 万元人民币。

我国幅员辽阔，存在大量飞行环境复杂的机场。为打破垄断，大面积开展 EMAS 应用，以提升机场安全保障能力，国产 LANZU-1 型 EMAS 应运而生。

自 2006 年以来，在民航局的大力支持下，中国民航开始了 EMAS 的“中国制造”之路。经过四年多的努力，航科院研发团队攻克了材料生产和系统设计方法等技术难题，并购买了一架波音 737 飞机，进行了六次真机验证试验，最终实现了国产 EMAS 从无到有的突破。2012 年 7 月，国产 EMAS 获得民航局工程化应用许可，成为世界上第二个取得民航管理部门批准的 EMAS。

国产特性材料飞机拦阻系统在天津滨海国际机场进行真机验证试验

真机试验时飞机被 EMAS 安全拦停的场景

国产 EMAS 的广泛应用

虽然我国 EMAS 研发起步较晚，但在设计模型、耐候性和使用成本方面，都领先于国外 EMAS 产品。2013 年 6 月，国产 EMAS 在云南腾冲驼峰机场进行了首次安装应用。截至 2021 年 4 月，国产 EMAS 已陆续在腾冲、攀枝花、林芝、临沧、大理、武隆、茅台 7 个机场完成安装。后续，我国已建成的机场中，还有数十个机场需要安装 EMAS。新建机场在规划时，也将 EMAS 作为可选方案，以降低机场跑道端安全区建设成本和选址困难。

攀枝花机场 EMAS 系统

从中国民航走向世界

国产 LANZU-1 型 EMAS 的成功研发，成为“中国制造”走向世界的又一张闪亮名片。

2015 年 12 月 31 日，由民航局主持编写的《特性材料拦阻系统》（MH/T 5111—2015）行业标准正式向全球发布，这是全球范围内首个针对 EMAS 的行业标准。2017 年，ICAO 成立拦阻系统指导材料编制工作组，民航局机场司和航科院的 EMAS 专家成为工作组成员，积极推进中国民航行业标准的关键内容进入 ICAO 的指导材料，以提升中国民航在国际上的地位和话语权。此外，亚洲、欧洲等机场陆续开始向国产 EMAS 发来竞标、询价、设计等请求。

不可缺少的训练——航空器消防救援真火实训系统

随着民用航空的快速发展，大型枢纽机场航班起降频繁、旅客数量激增，使得机场内飞机因燃油泄漏、起落架损坏、仪器仪表故障等原因引发火灾的可能性大大增加。加上近年来的一些恐怖袭击事件，更是给民航安全保障带来了巨大压力。由于飞机结构复杂、燃油携带量大，飞机火灾往往具有突发性、易爆性等特点，大大增加了救援难度。一旦飞机发生火灾，极易造成严重经济损失和人员伤亡。为了尽可能避免人员伤亡和降低经济损失，必须建立专业化的航空消防实训平台，培养专业化、高素质的航空消防人才。

航科院研制的航空器消防救援真火实训系统，是我国研制的首套特定机型的消防训练设备，填补了我国全尺寸航空器消防救援真火实训系统的空白。利用航空器真火实训系统，可以提供安全有效的航空器消防救援训练。

国内外航空器消防救援真火实训系统发展状况

航空器消防救援真火实训系统是基于现有机型的尺寸打造的航空器火灾训练器，模拟各种火灾模式。该系统可以通过计算机远程控制或调整火点位置、火焰高度、火焰发展速度、设定烟雾浓度等，能够最接近实际地模拟火灾现场，为消防员提供训练平台。在此基础上，消防员能够有的放矢，应对各种随机出现的火灾，锻炼反应能力、灭火技能和团队协作能力。

在国外，很多国家已经配备了航空器消防救援真火实训系统，美国有超过 44 个，欧洲地区超过 25 个，其他如加拿大、澳大利亚、新加坡、日本、印度等也均有配备。

美国达拉斯机场基于空客 A380 型飞机模型的真火实训系统

我国民用机场消防领域在航空器火灾扑救方面缺少专业训练体系和设备，尤其是缺少真火实训系统。大部分民用机场至今还主要采用传统方式训练，例如对基础知识、身体素质、灭火技术及灭火战斗的训练，由于一定程度上没有结合真实的航空器火灾进行，效果不是很理想。也有部分机场采用集装箱模拟航空器火灾来提供消防救援培训，然而集装箱与航空器在外部形状上差异较大，难以模拟航空器外部火灾。并且集装箱内部能够模拟的火灾类型有限，对火点位置、火势大小难以精确模拟，且内部空间有限，难以开展团队训练。

在这样的情况下，我国部分机场派员到国外参与航空器消防救援定制培训，然而成本高、参训人员有限、训练参与度不够，既不能满足国内的需求，也不利于行业的发展。

国内首套航空器消防救援真火实训系统研发成功

2016 年 5 月，航科院利用自有经费设立项目，依托安保所研制航空器消防救援真火实训系统。经过调研和论证，选择波音 737-800 机型作为模拟本体，针对飞机主体结构和易发生火灾的部位，按照 1:1 比例制作。在研制过程中，解决了飞机结构支撑、热强度、整体安装、燃料系统气密性、火点强化结构、系统控制程序、辅助保护等一系列问题。

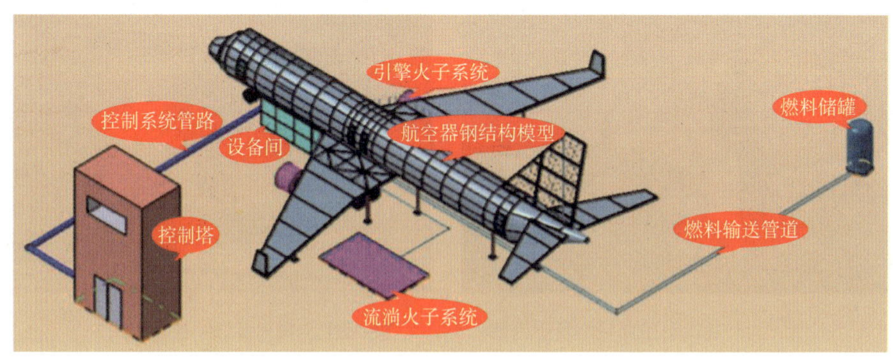

航空器消防救援真火实训系统的外部示意图

经过不懈努力，2018 年 4 月，在国内首次研制出航空器消防救援真火实训系统，打破了国外技术垄断。航空器消防救援真火实训系统，包括飞机结构、总控系统、火子系统、燃料系统和辅助系统。该系统具有以下优点：使受训人员经过短期培训，很快掌握航空器灭火的技能；对环境无污染，产生的烟雾是食品级烟雾，废水可通过排污设施直接排走；可以长期循环反复使用；火源可以随时切断，安全性好；可以接近真实地模拟各种航空器火灾。

a) 引擎前部　b) 燃油流淌　c) 卫生间

d) 引擎后部　e) 座椅　f) 行李架

火子系统模拟火灾

批量化航空器真火实战培训

航空器消防救援真火实训系统研制成功后完成了一系列测试和调试，通过了国际安全认证，确保培训准备工作有序开展。

2018 年 4 月 16—20 日，航科院在武汉天河国际机场举办了首期航空器消防救援真火实战培训。来自 33 个机场的 37 名消防员参加了此次培训，其中包括 2 名军用机场选派的消防员。实战培训充分呈现了真火实训系统的设计效能。

2019 年 4 月 7—12 日，举办了第一期军民航消防骨干航空器消防救援真火实战联合培训，空军派送部分军民合用机场的消防员参加了此次培训。

第一期军民航消防骨干航空器消防救援真火实战联合培训

截至 2020 年 12 月，航科院已经开展了 26 期航空器消防救援真火实战培训，为全国军民航培养了 980 余名消防骨干，参训学员覆盖 187 个机场和 147 个场站。

五、邮政快递：情系万家精准达

面单革命——电子面单

近年来，随着电子商务的蓬勃发展，快递业务量迅猛增加。传统的手写快递五联单存在字迹不清晰、需要重新录入线上系统、耗费大量纸张等诸多弊端，如何高效精准地互通信息，成为行业发展的关键。

2012 年，为提升与商家交互物流信息的便捷性、准确性和运转效率，促进行业标准化、数字化发展，各快递企业着手研发电子面单以替代传统纸质面单。自 2013 年“双十一”开始，传统纸质面单和快递分拨中心人工分单模式，已不能支持日益增长的包裹量，商家的发货能力与快递企业的处理能力遭遇瓶颈。

各企业推广电子面单也面临难题：国内电商发货信息系统 ERP（Enterprise Resource Planning）版本杂乱繁多，数千家供应商各自的通信标准、数据字段均不一致，推广电子面单需打通上千种 ERP 系统。也就是说，在对邮政快递需求量大的时间段内，比如“双十一”“618”等，由于商家众多、发货信息系统不统一，就会出现发货情况混乱，造成成本高、时间长、推广难等问题。为解决这些难题，菜鸟电子面单应运而生。

商家发货能力与快递企业处理能力遭遇瓶颈

菜鸟电子面单

菜鸟电子面单是一种实现商家交易发货物流需求信息和快递企业物流操作数据的线上双向对接的系统，简而言之，是实现交易订单、物流订单、包裹轨迹等信息双向互动的通道。

在发货环节，商家仅使用菜鸟电子面单这一个系统，即可实现与所有快递企业对接，统一了各快递企业的包裹轨迹等数据收集、数据规范与面单应用标准，减少了物流订单打印次数和数量。

在物流环节，可实时跟踪订单各个环节的处理状态并将包裹的作业数据可视化，由快递企业传回商家，帮助商家和客户实施跟踪包裹动态，极大地提升了各系统间作业的处理效率。也就是说，从下单起，就可以实时跟踪包裹直到收件之前的全部“过程”。此外，智能大数据分单代替人工分拣，极大地提升了快递包裹处理效率，降低了处理成本。

标准化、数字化解决方案助行业自动化迭代

标准化提升上下游信息交互效率

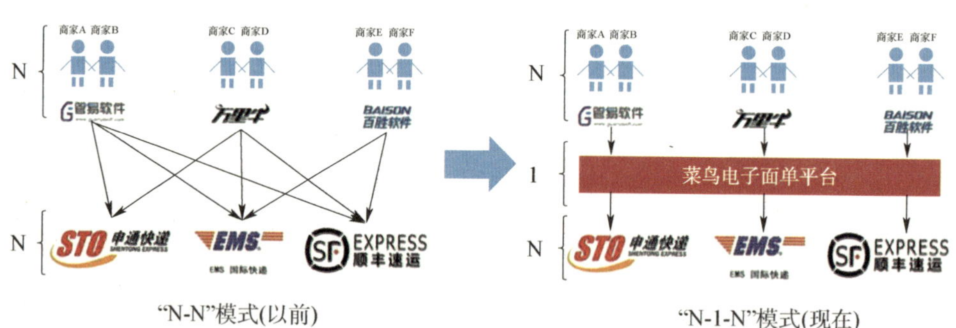

电子面单对接模式

2014 年 5 月，菜鸟网络作为一个以大数据为支撑的“互联网 +”物流平台，用数据和技术协同联合多家快递企业共建标准电子面单服务平台：快递

企业信息系统与菜鸟电子面单平台兼容对接，从而将商家与快递企业的对接由“多对多”模式，转为仅与菜鸟电子面单系统对接的“多对一”模式，再由菜鸟电子面单兼容对接多家快递企业，享受多家快递企业的电子面单服务，大大降低了上下游系统交互成本。

数字化降低行业发展成本

菜鸟电子面单打印效率比纸质面单提升 60% ~ 90%，一台打印机每小时可打印数千张；省去快递录单过程，提高分拨中心的分拣效率。由纸质面单向电子面单转变，电商发货效率提升至少 30% 以上。在商家端申请电子面单的时候，大数据的分单算法即可计算出具体的分拣信息，提高准确率和分单效率。

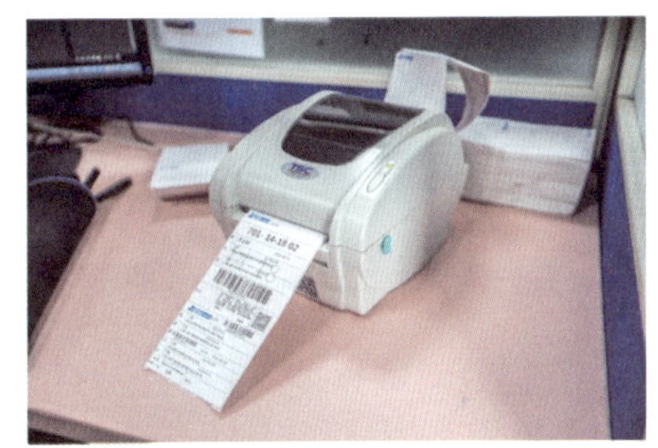

电子面单打印机

提升快递物流运营环节中转效率

目前，该系统已经接入国内主流快递企业，能够实现实时监控订单总量、网点单量和快递员单量。经测算，智能分单每年可为行业节省成本 12 亿元。基于电子面单和智能分单，快递企业大规模启用自动化分拣设备，大幅提升了核心节点的效率，电子面单已经发展成为行业的基础设施。

人工分拣

快递包裹在送达消费者手中前，要在分拨中心和网点进行大规模分拣操作。在传统作业模式下，分拣人员阅读面单地址后，凭记忆进行分拣，存在误差大、效率低的问题，极大制约了行业的高速高质量发展。

菜鸟网络算法团队研发了基于大数据的“三段码”智能分单系统。该系统能够在发货时精确地预测出派件网点和快递派送编码，并将编码打印在面单上，指导后续的分拣操作。通过智能分单，利用面单上的编码进行自动化分拨，不仅将准确率提升至 99.9%，极大提升了分拨效率，还有效降低了企业的运营成本。

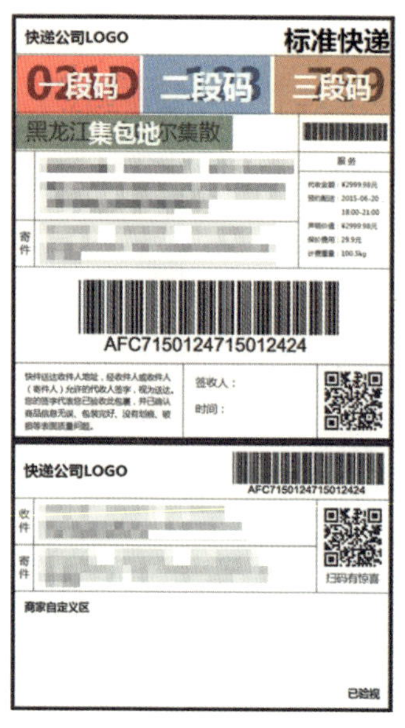

智能分单

统一标准模板的菜鸟云打印组件

传统 ERP 供应商使用的快递面单打印软件无统一标准，导致各家快递企业面单模板各不相同。由于功能和稳定性等差异，导致快递企业在转运过程中，容易产生分单分拣码信息缺失、增值服务信息缺失、分拨错误等问题。

菜鸟电子面单研发了一套打印组件，包括模板编辑器、打印客户端和打印服务端三大产品。整套云打印系统涵盖模板设计、打印内容渲染和打印机驱动整个流程。

同时，快递面单由五联单转为一联单，大号一联单简化为小面单，大量节约了打印纸张。截至2019年，菜鸟电子面单已累计服务超过800亿个包裹，节省纸张约3200亿张。

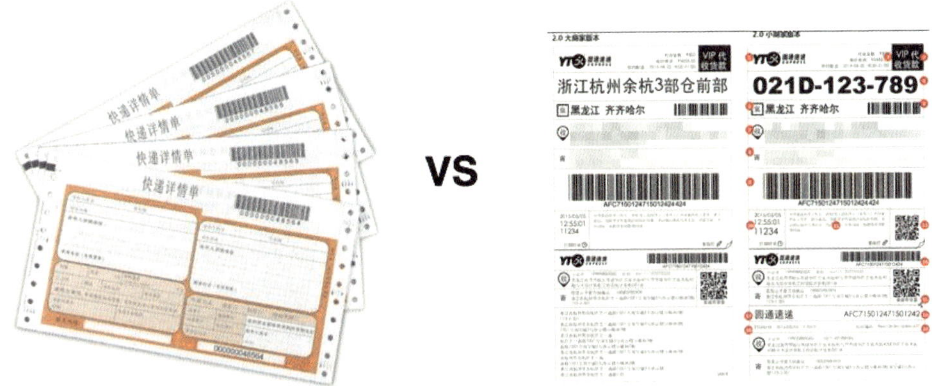

五联单转为一联单

将快递面单由五联单压缩至一联单，由大面积一联单压缩至小面积一联单，为行业节约了至少27亿元/年的纸张成本。未来，菜鸟电子面单将在保障统一标准物流单号服务、面单模板服务及智能分单服务的基础上，赋能更多的国内外物流公司，对国际“一单到底”、快运等多种场景提供更有力的支持。

仓储再定义——云仓

云仓，我们熟悉又陌生的词语，相信很多人都或多或少听说过。云仓看似与普通仓库并无多大差异，但真正的云仓是什么，大多数人并不知晓。有些人认为云仓就是在传统仓库内引进一些自动化设备，或者就是利用云计算进行仓储管理，这些理解其实都有失偏颇。云仓是邮政快递业新兴的一个名词，在业内有多种解读。

什么是云仓

通常，云仓是指随着智能设备、智慧系统、大数据、云计算等技术突飞猛进而诞生的新型现代化物流仓储模式。它是为平台商家、品牌厂家、直播电商等提供专业化综合物流服务的第三方仓储配送平台。云仓使线上大数据与线下大仓储有机结合，可高效、协同进行仓储管理、物流配送、代发快递等系列化仓配一体化作业。

云仓模式实现了仓库设施的互联互通与仓储资源共用共享。通过智能化仓储物流管理系统和大数据分析，云仓能够有效整合、优化全国仓库资源配置，统筹协作多仓物流，实现网络化运营与精细化管理。

云仓

与传统仓储的区别

相比传统仓储，云仓从接收订单到拣货、复核、打包、称重、发货等，全过程实现线上化、智能化、数据化、程序化，作业效率、发货准确率得到极大提升。通常，云仓发出的每件包裹，从打包到出库仅需 10 分钟，整体物流时效明显改善，消费者购物体验感也显著提升。在库内运营管理上，云仓不仅仅完成库内货物安全与库存的管理，更讲究仓内作业的时效和精细化管理；在库内信息化协作上，云仓的物流中台可对接多个线上销售平台，减少信息冗余；在库内自动化投入上，从拣货的掌上电脑（Personal Digital

Assistant，PDA）到选货的灯光拣选车，再到称重的 DWS（Dimensioning 体积、Weighing 称重、Scanning 扫码）自动称重机以及自动打包机、自动分拣机等，进一步提高仓内作业效率。

仓内作业场景

此外，云仓模式更具人性化，可根据客户实际，通过大数据与需求分析，为客户设计更合理的物流供应链解决方案，降低客户物流成本，提高客户综合竞争力，提升消费者物流体验。

近年来，国家鼓励推出大包裹、快运、云仓、供应链解决方案等新产品，推动邮政快递企业加快向综合寄递物流服务商转型。邮政快递企业凭借网络健全、配送能力强大的优势进行云仓布局，顺丰、百世、韵达、中通等企业都纷纷建立自己的云仓体系。

紧密贴近市场物流多样化需求，围绕客户各种痛点与难点，顺势推出仓配一体、同城 B2B（Business-to-Business，企业到企业的电子商务模式）配送、生鲜云配、特色仓播、F2C（Factory to Customer，从厂商到消费者的电子商务模式）创新配送、供应链金融等多项产品，全面布局物流供应链全链路业务场景。多项创新举措给邮政快递行业、合作企业、广大用户带去了许多惊喜。

高柔性自动化仓储

随着工业 4.0 的到来，仓储物流技术也逐渐由人工堆放平面库到自动化刚性立体库，再到高柔性自动化立体库发展。传统的自动化是刚性的自动化，利用传送带等固定的设备，使物品在仓库里流动。但在人工智能时代，需要通过应用大量机器人物流设备，利用人工智能技术赋能在入库、拣选、打包、分拨等仓储物流全链路中体现更多柔性。柔性自动化的特点包括三方面：一是扩展性强、鲁棒性强，系统可以很快部署新的机器人自动化设备，处理更多订单，单个阶段出现问题时也不会影响整个仓库作业。二是模块化设计，易部署和搬迁，能够根据业务变化快速调整作业流程。三是可预测性强，在全过程实现自动化的情况下，对物流作业的可预测性更强。柔性自动化涉及的关键技术包括软硬件协同技术、物联网与边缘计算技术、机器人技术以及智能规划和调度技术。

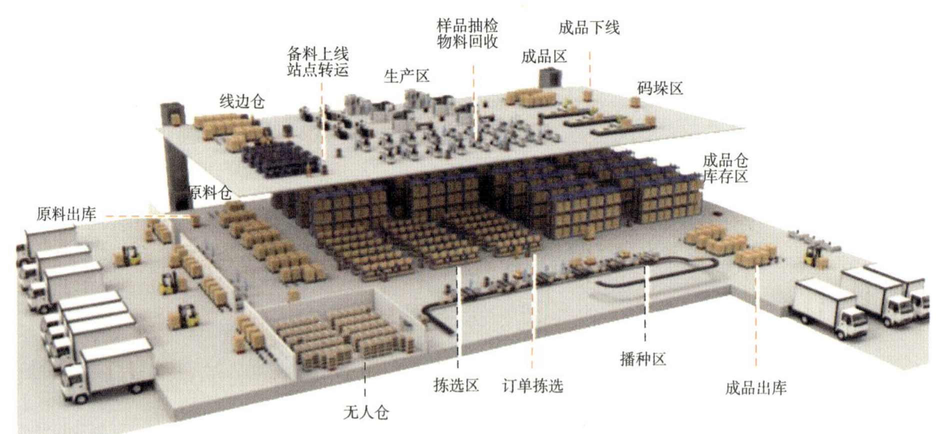

自主移动机器人（AMR）推动物流柔性化

中通云仓科技

以中通云仓科技为例，中通云仓科技依托中通快递分拨中心优势，在全国率先打造独特的“楼上仓储楼下配送”中心仓仓配一体化产品；在直播风口快速出击，打造全场景化的“边播边发 · 即时发货”特色仓播，拓深邮政快递供应链服务维度；围绕生鲜水果城市及时配送，推出“三级仓”云配服务，已在全国20多个核心城市建立起生鲜云配仓配网络，助力本地生活服务优化升级。系列化产品创新为云仓赋予更多内涵，也让云仓模式更具活力与生命力。

中通云仓——仓内操作流程

中通云仓科技优化创新产品，通过“7S”（Seiri 整理、Seiton 整顿、Seiso 清扫、Seiketsu 清洁、Shitsuke 素养、Safety 安全、Speed/Saving 速度 / 节约）运营管理法，应用自动化设备，整合供应链环节各要素，为客户设计属于自己的物流供应链方案。各方案的实施，有效减少快递短驳环节，提升发货效率，优化物流配送路由，降低综合物流成本，实现全天候发货，增强合作企业的综合竞争力，助力其销售额的快速增长。

上仓下配

中通云仓

中通云仓科技以技术、设备、数据与方案，不仅保障了快递加速，使包裹飞速送达消费者手中。同时，公司的专业团队还在包裹打包、售后服务方面，保障消费者收取包裹和消费反馈的优质体验。

云仓集先进技术于一体，不断扩容仓储功能，赋予仓储智慧与生命，推动货物更加高效协同流动，助力社会效率提升，助推智慧物流建设，为企业物流管理体系升级提供支持，也为提高广大消费者生活品质提供保障。

云仓和背后的科技管理人员

“一根带子的进化”——交叉带自动分拣系统

随着电商和网购的不断兴起，邮政快递已成为不可或缺的重要服务，相关从业人员供不应求。所以，现代邮政快递行业对自动化处理设备的需求十分旺盛，交叉带自动分拣系统就是其中的典型代表。

快递服务流程

典型的邮政快递服务流程可以概括为：收件（第一公里）、本地中转场、枢纽中心、寄达地中转场、派件（最后一公里）。

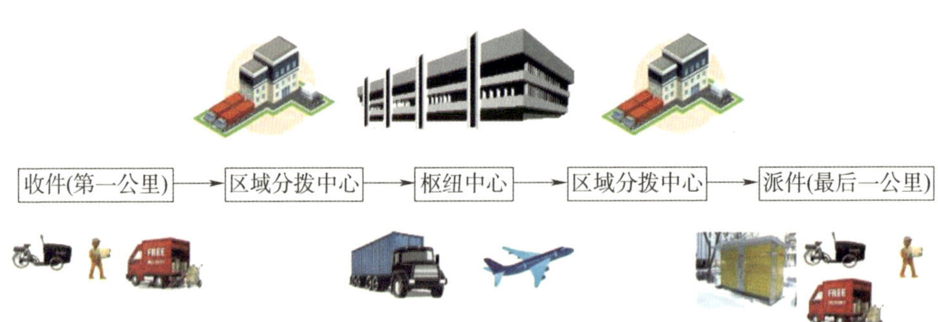

邮政快递服务流程

典型的内部作业流程主要包括以下环节：

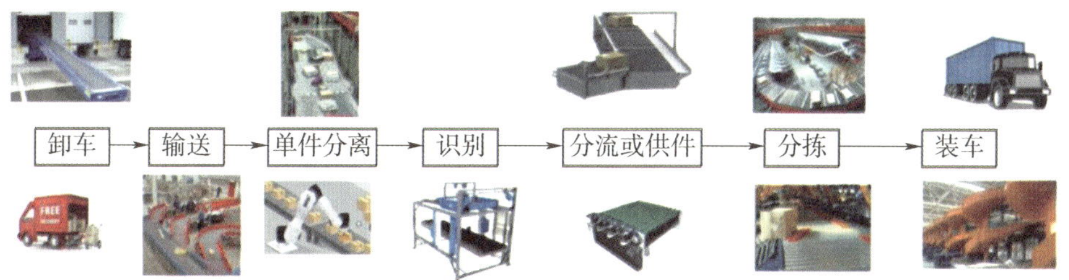

邮政快递企业内部作业流程

快递分拣的技术演化——从人工到矩阵分拣

所谓分拣其实就是把一定数量的物品按照目的地进行分类。其中的核心动作包括“识别”（信息和数据层面）和“跟踪控制”（主要指物理层面）这两大部分。

以前，最有效的分拣就是“人工分拣”，最原始也是至今仍然广泛存在的分拣方式：由“人眼”这对最复杂精密的传感器对物品进行“扫描”，然后由“大脑”这台最复杂的计算机对其目的地进行判断，最后用“人手”这组最精密的执行机构将物品进行物理的位移。

人工分拣

随着业务量的增长和劳动强度的增加，人们逐步采用输送机来辅助物品的输送，以减轻劳动强度，同时仍采用人工分拣的方式。由于人工操作很难在高强度的分拣工作中持续保持分拣的准确性，所以现在逐步采用了自动的分拣机来替代繁重的体力劳动。最早的分拣机为直线型，就是从在输送机旁边的

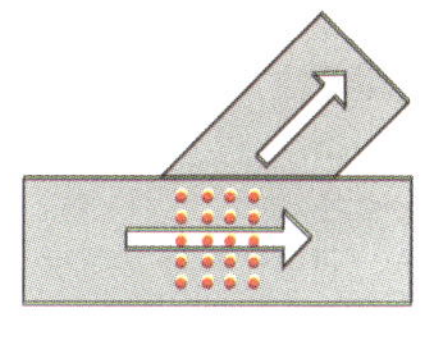

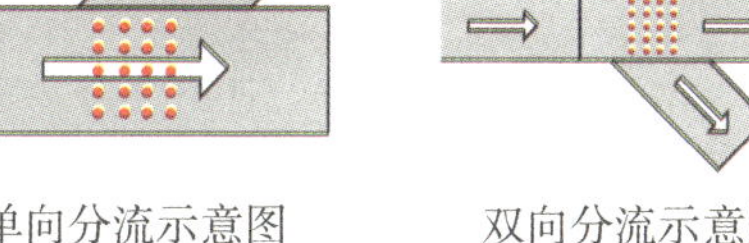

直线型分流装置示意图

人工分拣演化成直线型的分拣装置。

随着业务量的增加，这种单纯的直线型分拣机已经满足不了处理量的要求了。于是，人们就开始自然而然地扩展分拣线的数量。按照这个逻辑叠加分拣线，就演化出了最初的矩阵式分拣系统。

直线型分拣机

矩阵式分拣系统

针对数量相对较多的包件物品，国内快递企业多采用由皮带机组成的“矩阵分拣”系统，且采用人工分拣的方式进行操作。这种具有中国特色的分拣方式有一个很大的优点：非常适合应对高峰期的处理要求，如“双十一”或“618”等。因为投资巨大，邮政快递企业不愿意按照高峰期的业务量来设计系统，但平时设备又处于闲置状态，效率和投资回报不高。因此，采用人工分拣矩阵，能够使邮政快递企业比较灵活地根据业务量需求增加人力，以应对高峰期的业务需求。

人工皮带机分拣

除了由皮带机组成的人工分拣矩阵系统，目前由摆轮分流器等自动化设备组成的自动化矩阵系统，也逐步被邮政快递企业所采用，促进了处理中心的少人化、无人化发展。

交叉带分拣系统

交叉带分拣系统最早应用在欧美国家的快递企业如美国联合包裹运送服务公司（UPS）、联邦快递（FedEx）分拨中心中。随着电子商务的飞速发展，高速分拣系统的作用在我国得到了极致发挥。其中，交叉带分拣是应用比例较高的重要类别。

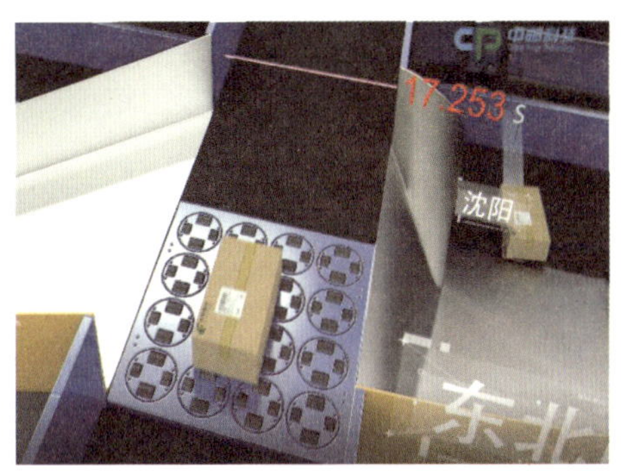

高速摆轮分流器

交叉带分拣系统

系统组成

交叉带分拣机主要由供件系统、分拣主机、下件系统和控制系统四个部分组成，在控制系统的协调控制下，实现物品从供件系统导入分拣主机进行分拣，由下件系统完成物品物理位置的分类存放，从而实现物品的分拣功能。

供件台

供件系统的功能是对分拣物品进行各种物理参数的自动测量和信息识别处理，确保待分物品准确送入高速移动的分拣小车上。

分拣主机

分拣主机是分拣的主要执行机构，其功能是将附有分拣信息的物品，按既定逻辑关系准确地送入分拣格口。

下件系统是分拣系统的末端设备，其功能是暂存由分拣主机送入的物品。同时，通过对入格物品相关参数的检测，将信息传给主控系统，实现管理功能。

下件

系统运行流程

交叉带分拣系统，由主驱动带式输送机和载有小型带式输送机的台车（简称“小车”）连接在一起。当“小车”移动到所规定的分拣位置时，转动皮带，完成把商品分拣送出的任务。因为主驱动带式输送机与“小车”上的带式输送机呈交叉状，所以称为交叉带分拣机。

交叉带分拣系统的主要技术参数：分拣速度可以达到 8000 ~ 27000 件 / 小时，具体效率根据场地的规划和分拣小车的数量而定；小车运行速度可达

1 ~ 2.7 米 / 秒；小车负载可达到 30 ~ 40 千克。

交叉带分拣系统运行流程示意图

行业应用

交叉带分拣系统在行业中的应用非常广泛。近年来，快递业务量大部分来自电商，特点就是小件较多，这就使小件环形交叉带分拣机得到广泛应用。而针对数量相对较少的包件物品，国外公司大量采用环形交叉带包裹分拣机的方式，国内的邮政快递企业多采用由皮带机或者摆轮分流器等自动化设备组成的人工或自动化矩阵分拣系统进行分拣。

人工矩阵分拣系统

自动化矩阵分拣系统

系统的不断发展和创新，以及日益增长的业务量和不同处理方式的需求，又衍生出多层交叉带分拣机、多段供包等不同形式的交叉带系统。

多层交叉带分拣机（四层）

多段供包

货到人（G2P）拣货技术

拣货是仓储物流中劳动密集的作业环节，占仓库运行成本的 50%。为了提高拣货效率，拣货方式和技术不断创新，更加动态化，部分领域还实现了自动化。传统的人到货（P2G）拣选仍然是常见方式，尤其在产品种类较多的电商物流中心，但机器人货到人（G2P）拣选技术也逐渐成为近年来仓储物流的热点技术之一。机器人通过扫描地面的条码定位，无线通信系统接受指令，将货物从所在的货架搬运至拣选站，由人工完成拣选。这种“货动人不动”的拣选方式减少了人员的行走距离，大幅提高了作业效率。为了提高拣货效率、降低差错率，无纸化拣选已成为大趋势。AR 和 VR 技术的发展，也将在 5 年内辅助物流拣选等操作，通过智能数据眼镜和相关控制软件，与仓库管理系统无缝交互，根据拣选策略制定列表和优化后的行走路径，实时发送到作业人员佩戴的智能数据眼镜上，引导作业人员拣选，提高人工效率。

彰显“中国快递速度”——全球首创的 AGV“小黄人”

“中国快递速度”是中国的一张亮丽名片，凸显出中国快递市场繁荣活跃、发展质效不断提升，折射出中国经济发展的良好势头和强大的消费能力。

中国快递之所以这么快，有个关键性因素，那就是物流仓储的自动化，特别是快递分拣的自动化。AGV 界的网红“小黄人”，这些长不超 50 厘米、宽不超 40 厘米的分拣机器人，忙碌于全国各地的邮政快递分拣中心，为中国快递速度贡献自己的力量。

AGV 界的“小黄人”

据了解，“小黄人”是全球首创的物流自动化分拣机器人，而它的发明者，就在中国杭州，一家低调、务实的公司——浙江立镖机器人有限公司。

为什么要分拣自动化?

邮件快件分拣，一言以蔽之，就是要解决邮件快件“它从哪里来，要到哪里去”的问题。一个邮件快件的生命周期，从发件人开始发件到收件人最终收件，要经历揽件、分拣、运输、派送等环节。在整个周期中，起到枢纽节点作用的正是分拣中心、分拣站点，也称之为转运中心、转运站点，它们分拣效率和成本的高低，直接影响快递的速度，也直接决定邮政快递企业的整体效益。

不管是本地出发还是外埠到达的邮件快件，都需要在分拣中心或分拣站点进行卸货、分拣、装车等活动。分拣中心或分拣站点，不仅要负责整理当地揽收上来的邮件快件，也要负责外埠到达的需要配送下去的邮件快件。

面对持续增长的业务量和快递提速的需求，邮政快递企业过去主要通过加大人力投入的方式来应对。人工分拣，不仅效率低、成本高，还会带来快递出错率高、暴力分拣等问题，不仅影响寄递速度，也降低了寄递服务体验。这就促使物流分拣自动化、智能化的诉求越来越强烈，自动化已然成为不可逆转的趋势。

立镖“小黄人”应运而生

立镖机器人为满足分拣自动化的需求，设计了两大类别的解决方案：钢平台分拣解决方案和桌平台分拣解决方案。钢平台分拣系统适用于分拣目的地多、分拣产能要求高、仓储空间相对固定的大型分拣中心。而更具柔性的桌平台分拣系统则更适用于快递末端网点。这样，从大型分拣中心到快递末端网点，完全实现了自动化分拣，快件从中心流转到末端、从末端流转到中心，全程都得到了提效、提速。

“小黄人”快速作业视频

革新必须让效益说话

相比于传统的人工分拣，立镖机器人的 AGV 智能分拣系统是一种经济高效的替代方案，效率显著提升，成本大幅减少，工人的劳动强度也得到降低。这套智能分拣系统还具有模块化设计、灵活性高、准确率高、自动化程度高等优点，并且完成安装、部署所需的时间，也明显少于基于传送带的解决方案。

延伸阅读

据了解，以“小黄人”分拣机器人为核心的钢平台分拣系统，按照一套 350 台机器人的数量配置，分拣中心一天可以处理 60 万件包裹，可比传统模式分拣节省 70% 的人力成本。而且这样庞大而复杂的机器人分拣系统，可以确保分拣准确率高于 99.99%。相关系统路径算法 5 分钟就产生约 3000 亿次计算量，相当于北京首都国际机场一整天航班起降数据计算量。

钢平台分拣系统

钢平台分拣系统分为上下两层：上层是分拣区，下层是集包区。整个系统将入件、放件、自动称重扫描、分拣、满包检测、集包等环节集成在一起，高度自动化、一体化。

邮件快件从进入分拣中心到离开分拣中心，整个分拣流程大致为：邮件快件到达，卸车放货——分拣平台上货区，皮带机环线输送邮件快件——在操作工位，人工放件——系统自动扫码称重，机器人进行分拣，将邮件快件投递至相应格口——集包区麻袋集包，满包自动检测——机器人搬运满包集包架至打包台，皮带机运出——装车发货。

钢平台分拣系统工作流程示意图

立镖机器人自主研发的 RCS 机器人调度控制系统和无线通信网络，可以同时调度数百至上千分拣机器人协同作业，为每个机器人规划出最优路径。邮件快件“从哪里来、到哪里去”，只需要放件员把邮件快件放到“小黄人”的载具上即可，系统会自动称重并扫码。“小黄人”根据自动扫描获得的指令，自行运送至相应的目的地格口并倾倒，既可以按省级划分为上海、北京、天津、浙江、江苏、重庆等目的地，也可以按市级、县级等来划分——这套系统目的地格口多，可以充分满足快递细分的需求。

此外，系统极具稳定性，单个机器人发生故障或暂停，不影响整体系统的运行，这保证了分拣工作的持续不中断。采用这样的自动分拣系统，不受气候、时间和人力的限制，可以实现货物的连续大规模分拣。目前，立镖的“小黄人”分拣系统，已经广泛应用于邮政、京东和申通等邮政快递企业的分拣中心。

桌平台分拣系统

机器人运行于像“手指”形状一样的桌平台上面，手指数量可单条、可多条，平台层数可单层、可多层，桌面的长短、形状也可以灵活调节。系统具备根据客户特殊产能、空间而灵活应变的能力，为邮政快递企业大幅节省人力和空间成本，经济效益高。

桌平台分拣系统

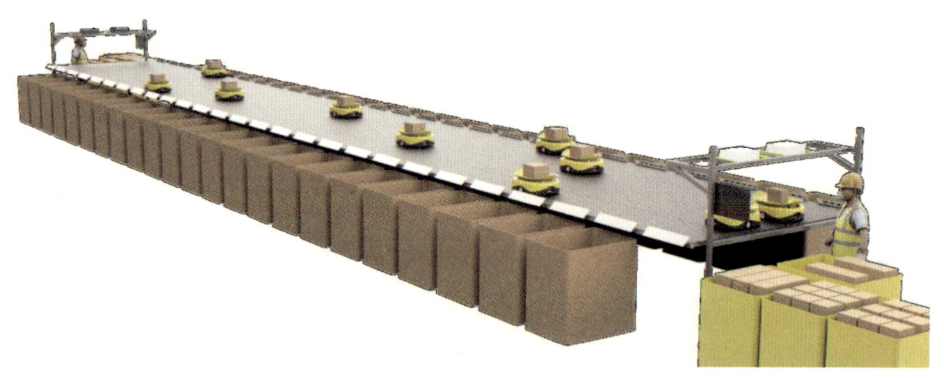

单条手指的桌平台分拣系统

“复杂的系统，便捷化部署”，这是立镖机器人的研发准则之一。充分运用客户已有的材料和设施，做到简单地搭建一个简易平台，就可以让机器人高效地跑起来。对于邮政快递企业来说，速度始终是核心竞争力，快速部署，有效地节省了时间成本。

灵活的 RaaS 模式

淡旺季流量差别大、波峰波谷邮件快件处理量差异大、人员物品临时调度困难，是邮政快递行业的特点。立镖机器人在产品设计环节也充分考虑到了这一点，智能分拣解决系统可以根据淡旺季随需增减机器人，并向客户提供直接买断、融资租赁、高峰租赁等多种组合方案。

传送带机器人

分拣机器人

同时，立镖机器人根据客户需求，推出机器人即服务（Robot as a Service，RaaS）模式，即按件计费模式，根据现场处理的订单数量按月租用服务。这种灵活的商业合作模式，能有效降低客户使用先进技术的资本和能力门槛。

地下递送技术

城市地下物流系统是一种新兴的运输和供应系统，在城市道路日益拥挤的情况下，地下物流系统展现了巨大优越性。与早期地下递送技术相比，近年来通过自动导航的 AGV 搬运机器人系统来控制和管理各种设备和设施的技术，更加智慧化和自动化。目前，京东物流正在雄安进行地下隧道快递配送研究和规划。

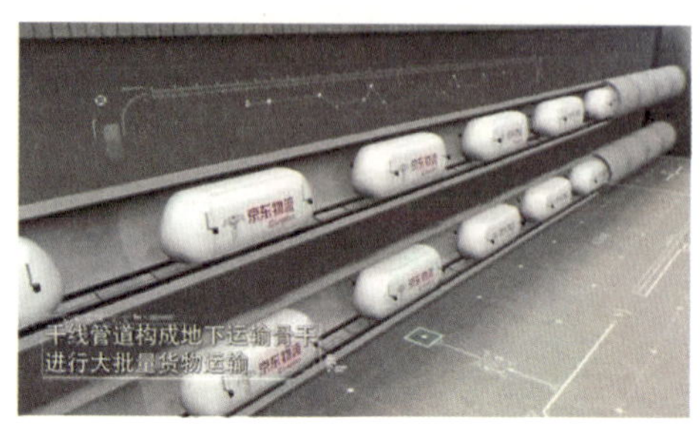

京东城市地下物流系统

快件配送“黑科技”——物流无人机

发展物流无人机的意义

从用途上看，物流无人机也是一种交通运输工具。从字面意思上看，是用来运输但没有人开的飞机。它是人工智能技术、互联网技术在航空运输领域的最新成果，直接推动着物流方式朝智能化的方向发展。那么为什么要发展物流无人机呢?

优势一：方便高效、节约资源

地面上，跟物流运输竞争地面运输资源的，带腿/带轱辘的有人、有动物、有行李箱、有私家小汽车等等。对于“地面”的竞争，物流运输车的处境显得有些尴尬，因为它体型较大、使用又频繁。既然需要占用地面资源的要素这么多，为何不开辟一条新的“道路”来用作物流运输呢?

相比于地面运输，无人机物流具有方便高效、节约土地资源和基础设施的优点。尤其是在交通瘫痪、城市拥堵以及交通不便的偏远地区等，合理使用无人机进行物流配送，还能节约成本、提高时效。同时，合理利用闲置的低空资源，也是减轻地面交通负担的重要解决方案，有利于降低基础设施投入。

无人机运输与传统陆运对比

运输方式	效率对比	资源占用	运营条件
陆运（公路、铁路等）	不畅通，效率低	占用较多道路资源	基础设施建设、周期较长
物流无人机运输	空中“高速公路”，效率高	低空空域、起降点需要场地较小	空域协调、基础设施要求低、建设快
无人机是交通运输工具的有益补充，尤其适用于交通拥堵或基础设施建设差、地广人稀地区			

优势二：物流成本更低、调度更灵活

相比于传统的航空运输和通航运输，无人机运输具有成本更低、调度灵活、全天候飞行等优势，能有效填补现有的航空运力空白。

物流无人机与无人驾驶汽车相同，不仅减少了飞行员及其他机组成员的人为因素影响，也更便于物流大数据信息的采集和智能调度管理。

在很多四五线城市、县城，存在航空速运需求，但由于距离较近、批量较小，传统的航空货运在起降条件、飞行距离和载重能力等方面难以实现运力的匹配，这些需求正是支线物流无人机的应用场景。除此之外，在某些偏远山区和河海险要地区，陆运、水运极为不便，也适合无人机开展物流运输。

优势三：解决劳动用工问题

邮政快递业的仓储、装卸、运输、配送等流程的劳动强度高，通常情况下需要一线员工的年龄范围在 18 ~ 35 岁之间。而我国目前的人口老龄化问题，导致适龄劳动力人口不断减少。邮政快递业面临着人工贵、用工荒等问题的考验。

由于人口老龄化带来的青壮年劳动力短缺问题在未来会更加严重，将成为制约邮政快递业发展的主要因素。好在随着飞控技术、集群技术的不断成熟，常态化运营的无人机配送，通过预先设定程序进行全流程自主起飞、飞行、降落和配送，除非极特殊情况，一般不需要人工干预。这将减少大量劳动力需求，成为解决劳动力短缺的重要途径。

京东无人机

发展史

物流无人机的发展方向是构建起干线级、支线级和末端级三级智能物流体系。京东无人机隶属于京东物流 X 研究部，该部门成立于 2015 年 12 月，主要着眼于以无人机等方式探索未来物流发展方向，拥有北京和西安两大研发中心。北京研发中心自成立以来，利用自身研发的 Y-3MAX 型号飞机，在陕西、江苏等全国八个地区开展常态化物流配送。西安无人机研发中心目前已研制成功 JDY-800 固定翼物流无人机和 JDX-500 自转旋翼物流无人机，并逐步开展支线级物流运输业务。

大揭秘

JDY-800“京鸿”大型固定翼支线物流无人机是首款支线级物流无人机，该型无人机采用单发螺旋桨、上单翼、高平尾、双尾撑等常规布局，具有超过 2 立方米的一体化大货舱。

2020 年 11 月 26 日，JDY-800 无人机在四川自贡凤鸣通用机场完成载货检飞，拉开了京东支线无人机物流运输的序幕。

JDX-500“京蜓”自转旋翼物流无人机由京东无人机西安研发中心全新研制，采用正向飞控系统设计流程进行开发，具有一体化货舱和空投能力。

2020 年 12 月 16 日，JDX-500“京蜓”自转旋翼物流无人机完成首飞，标志着京东物流在支线物流无人机方面的布局日渐完善，物流场景由传统的物流运输扩展到了多场景空中物资补给。

JDY-800“京鸿”大型固定翼支线物流无人机

JDX-500“京蜓”自转旋翼物流无人机

京东物流无人机应用场景规划

支线级物流无人机是京东规划的航空三级物流体系中重要的一环，解决某些地域与场景下，百公里以上的货物运输。例如，新疆南疆地区部分县市订单少，日均仅几百公斤，目前采用集约运输，有的时效甚至长达 8 天。结合京东在阿克苏地区的规划，应用支线物流无人机后，能够将部分地区的配送时效由 4~8 天缩短到 1~2 天。

地广人稀,陆运成本高
新疆物产丰富,物流上行需求显著

南海诸岛地广人稀,海运效率低
高效航空物流需求增长明显

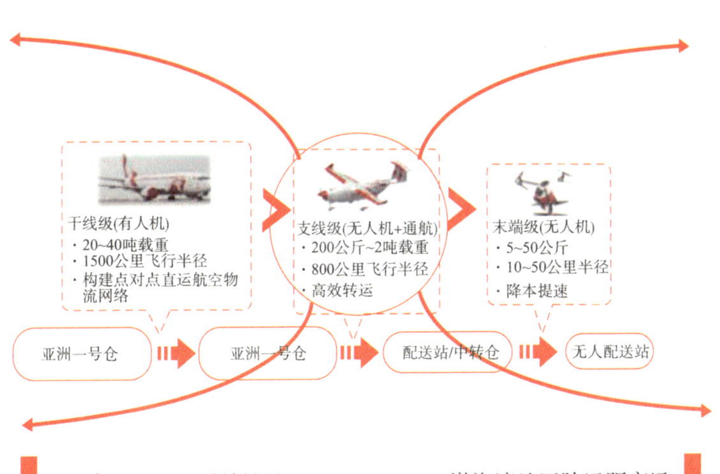

川云贵地区山区时效性差
急需航空物流运输

渤海湾地区陆运距离远
传统海运时效性差

京东支线级物流无人机应用场景规划

除此之外，物流无人机在高原、海洋、边境、无人区等偏远地区都具有物资补给的应用需求。

物流无人机未来发展方向

物流无人机从首次应用至今已有近十年的发展历程，从目前应用上看，制约物流无人机发展的因素包括运营安全性、运营场景和成本控制三大问题。这些问题能否解决决定了物流无人机的未来。

成本将成为控制无人机布局的关键

近年来，我国末端物流无人机一直在跟着政策走，哪里有政策扶持，哪里开放低空空域，就布局到哪里。但目前，无人机运营成本比传统配送高很多，多数企业已经退出无人机末端配送领域。而支线级方面，成本控制难度更大，目前尚未进入试点阶段。所以，要想真正发展无人机物流配送，成本控制是关键。

可根据不同的场景分配不同技术的无人机

无论是邮政快递企业、电商还是科技公司，当前都存在重技术轻应用的现象，对物流无人机运营场景论证的重视度还不够。对末端物流无人机来说，如果末端物流无人机同样适用于城市中的末端物流配送、外卖、同城快递、应急救援等场景，那么，末端物流无人机就能够代替配送员、外卖员、跑腿、救援人员等，为用户提供快速、精准的服务。如果能充分发挥出末端无人机的优势，一定能体现出商业价值。而对支线物流无人机来说，则更适用于公路欠发达地区的批量物流运输。总之，场景需求将成为物流无人机发展的主要驱动力。

由重资产运营模式向轻资产转变

无论是研发、制造还是运营，物流无人机所需的资金投入都是巨大的，获利难成为物流行业进行智能化升级的最大痛点。如何整合物流无人机全行业资源，充分发挥无人机价值，转变重资产运营模式，构建物流无人机服务新生态，成为物流无人机企业亟待解决的问题。结合目前互联网思维，通过“互联网 + 无人机”技术应用，也许是降低研发和运营成本的主要措施。

物流无人机是人工智能技术与航空运输需求结合的产物，短期内末端物流无人机的瓶颈在于政策，而支线物流无人机的发展在于场景。随着生产力的发展和对物流需求的不断升级，在交通强国建设、中国制造 2025、新型基础设施建设和人工智能等政策的推动下，物流无人机必将成为人类生产生活中必不可少的交通运输工具。

丰巢的“快递基因”——智能快件箱

丰巢缘何成长如此之快

丰巢成立于 2015 年 6 月 6 日，采用“智能快件箱 + 代收服务站点”双重组合运营体系和日渐完善的物联网技术，利用平台大数据，构建末端服务平台，为政府机关、地产及物业公司、电商企业、社区等不同需求方，提供安全、便利、多元化的智能末端解决方案。

丰巢智能快件箱

丰巢之所以能在短期内得到快速发展，除了智能快件箱本身与快递业“打通上下游”“画大同心圆”的战略发展思路高度吻合外，还得益于丰巢成立之初组建的三个引以为傲的团队。

一是能深入社区、与物业取得合作的团队

他们主要负责丰巢智能快件箱的落地、安装、启用等工作。除自建团队外，一些社会众包资源甚至快递员都成为帮助丰巢打入社区的力量，这也在一定程度上加速拓展其在快递末端市场的占有率。

二是互联网和硬件的技术团队

“一组大机器是一个心脏，里面的每一个小格子是一个小心脏，要管理好未来几十万、上百万台硬件，要在后台实时监测它的行为，实现‘人机自助’，需要一个最优秀的互联网和硬件技术团队。”丰巢的目标是“让每一个小心脏都跳动起来”。

三是懂快递、懂运营的管理团队

智能快件箱是快递服务末端的实现形式之一，只有真正做过快递、了解快递末端服务现状、难点和痛点的人，才能真正拿出既受消费者欢迎，又能被快递员所接受的末端解决方案。丰巢的“快递基因”成为其有别于其他智能快件箱供应商的不同之处。同时，依托丰巢快件箱形成的社区多业务形式，如收寄件、共享柜格、电商、互动媒体平台等，也需要强大的运营团队对现有模式进行优化、对未来生态进行探索。

专注深耕最后一公里的多元化服务

丰巢通过快件箱的大数据收集、开发关联商业，形成有效的用户互动闭环。公司主要产品与服务包括：

物流末端服务

丰巢面向所有快递企业开放，通过实名审核的快递员，方可获取权限使用丰巢智能快件箱收派件，并自主研发快递员 App，支持查询路由、预约格口、重发短信等业务功能，帮助提升快递员工作效率。另一方面，智能快件箱自助寄件功能直连顺丰、申通、中通、韵达、EMS 等寄件下单业务，用户在丰巢可享 24 小时自助收寄快递服务，无需等待快递员上门，仅需在线下单后至丰巢智能快件箱扫码支付运费，开箱投入包裹即完成寄递。

软硬件定制服务

丰巢智能终端能够支持不同供应商和不同定制柜之间的互通，管理系统可以支持各种定制智能终端的远程监控和控制，定制服务包含但不仅限于信报快递一体箱、售货柜、微仓储存柜、冷冻柜等，并支持国际项目需求，可提供硬件 + 软件 + 服务一站式综合解决方案。目前，丰巢业务已拓展至欧洲，未来也将持续在全球范围拓展更多领域的合作。

互动传播服务

在大数据时代，末端物流配送背后积累的数据，有着巨大的商业价值。在丰巢精细化的数据系统基础上，建立成熟的互动传播服务。目前，丰巢媒介产品涵盖社区媒体、商业楼宇广告、线上移动端宣传、主题皮肤、品牌联合活动等多种形式。媒体网络深入社区、商圈，媒介传播覆盖都市活跃主流群体，支持场景、人群、属性等个性化精准投放。同时聚合快递员的调配能力，支持开展线上线下互动营销，满足广告主多样化的互动需求。

开放增值服务

零售时代，丰巢将智能化科技产品与配套服务相结合，缩减人与货、场之间的距离，通过系统化和规模化，提供更优质、更多元化的社区服务。丰巢研发标准化体系接口，支持企事业单位、品牌商户快速接入合作，包含社区洗衣、小家电租用、租书、回收、公益急救等，坚持以用户体验为核心，努力打造辐射最后一公里的城市生活圈。

B2B2C 产品创新，打造差异化运营

丰巢从 2018 年开始便推出了一系列产品，包括八面快递柜、智能箱等。随后，“双面柜”产品也应用了独家专利黑科技。丰巢在不同场景投放的产品，运营过程中都使用了物联网技术。线下柜的投放，依靠完整的信息系统，利用可视化平台进行监控，并应用到单元格口。然后根据柜子使用情况，监控网络下设备的运行稳定性和数据收集，进行数据分析。

丰巢正在开展 B2B2C① 方面用户互动的创新，期望在未来市场上开展差异化运营。丰巢聚焦末端场景解决方案，提供基于场景的定制产品。未来可能针对更多新场景推出定制柜，或者为政府开发政务方面的新柜型。除了在快递行业布局，也会向社区等渗透，如针对消费者存包、交通枢纽寄存等方面的需求，布局新业务。

中商产业研究院报告数据显示，每个智能快件箱的成本大约在 5 万 ~6 万元。根据快件箱使用场景不同，定制化程度不同，快件箱价格会有一定的差异。就目前整体而言，快件箱使用场地的要求较高，与地产、物业进行了深度融合。所以，除了考虑硬件本身的成本之外，双面柜造价不会比之前快件箱价格高出很多。

丰巢从战略规划到业务布局，都围绕末端交付创造价值。从最初的柜机铺设，到社区生活的多元业务扩张，逐步建立独立创新的价值体系，在未来的竞争格局中，把握更多先机。

---

① B2B2C 是一种电子商务类型的网络购物商业模式，B 是 BUSINESS 的简称，C 是 CUSTOMER 的简称。

六、城市交通：创造城市新生活

（一）城轨交通，快速便捷

城市轨道交通，是一种采用专用轨道进行导向运行的城市公共客运交通系统，包括地铁系统、轻轨系统、单轨系统、有轨电车、磁浮系统、自动导向轨道系统、市域快速轨道系统七种制式。城市轨道交通是低能耗、少污染的“绿色交通”。

地铁

轻轨

单轨

有轨电车

自动导向轨道

磁浮

市域快速轨道

城市轨道交通作为现代城市的重要基础设施，一头连着城市发展，一头连着民生福祉，是一项便民惠民的重大民生工程。进入21世纪，特别是“十二五”以来，中国城市轨道交通飞速发展。截至2020年底，我国（不含港澳台地区，以下相同）累计28个省（区、市）、43个城市开通了城市轨道交通系统，运营线路226条，总里程超过7300公里，全年日均客运量近5000万人次，运营线路规模、在建线路规模和客流规模均居全球第一，已成为名副其实的“城市轨道交通大国”。

零的突破——北京地铁1号线

新中国成立后，百废待兴。1953年，中国首次在城市总体规划中提出要建设地下铁道。1965年2月4日，毛泽东主席审阅第一条地下铁道建设方案，并作出重要批示：“精心设计、精心施工。在建设过程中，一定会有不少错误失败，随时注意改正。”

在建设经验、技术、设备和人才极度匮乏的艰苦条件下，全体建设者牢记重托，群策群力。经过4年3个月的苦战，在1969年10月1日新中国成立20周年前夕，北京地下铁道一期工程建成通车，中国第一条地铁由此诞生。

1965年7月1日，北京地下铁道一期工程在玉泉路举行开工典礼

这条线路是在毛泽东、周恩来等党和国家领导人的指示和决策下，全国各行业、各部委和军队协同配合，第一代地铁人发扬艰苦奋斗、无私奉献、自力更生的精神完成的伟大工程。它的建成通车，结束了中国没有地铁的历史，翻开了中国城市轨道交通建设的新篇章。

昔日的北京地铁一期工程

如今的北京地铁 1 号线新车

截至 2020 年末，北京市轨道交通已形成 24 条线路、727 公里超大线网。“十三五”期间累计完成客运量超 175 亿人次，列车服务可靠度、正点率居世界前列。

国内首条无人驾驶列车运行线——上海轨道交通 10 号线

上海轨道交通 10 号线是国内第一条以无人值守下的列车自动运行（Unattended Train Operation，简称 UTO）模式为设计目标的全自动运行地铁线路，全长约 46 公里。该线路于 2010 年 4 月 10 日以“有人驾驶模式”开通运营，2014 年 8 月 9 日进入有人值守下的列车自动运行模式（Driverless Train Operation，DTO），2016 年 12 月 30 日实现了国内首条驾驶室无人值守全自动运行列车的载客运营。

上海轨道交通 10 号线列车

运营效率大幅提升

与2014年8月前非全自动运行阶段相比，采用自动运行模式的列车平均出入库时间可缩减50%、每公里配员数减少约10人、平均旅行速度提高12.6%。全自动运行的6年时间内，列车兑现率、正点率均在99%以上，实现了全自动运行线路运营可靠、减员增效的目标。

全日运营自动化

10号线投用全自动运行系统后，已实现在无驾驶员操作的情况下，每列车从早晨起车、检车出库、载客运行，直至运营结束后的列车回库、收车、洗车等全日自动化运营。

引领行业发展进程

上海地铁充分积累10号线全自动运行宝贵经验，逐步形成一系列标准与规范，并向国内规划和在建的全自动运行线路分享，不断提升城市智慧化建设和精细化管理能级，促进相关产业链向高端发展，引领了全国城市轨道交通全自动运行的发展进程。

国内首条自主研发全自动运行线——燕房线

燕房线是国内首条采用自主化全自动运行技术的线路，是全自动运行系统自主创新示范工程。该线路以UTO标准完成建设，并以DTO模式开通初期运营，是国内第一条以DTO模式开通载客运营的线路。

高效协同运行

相比传统线路，燕房线全自动运行系统以行车指挥为核心进行综合监控，提供更全面的列车监控、乘客服务、综合维修调度和辅助决策功能，解决了多专业高效协同作业的问题。

燕房线列车

燕房线控制中心

高质量服务

全自动运营系统具备灵活调整运行计划的特性，可根据不同车站不同时间段的客运组织需求，灵活调整站停时间，满足客流变化及特殊情况的需求；同时，车站的各类服务设施也在向着智能化、现代化、人性化的方向不断进步，例如设置多渠道购票系统、候车室、母婴关爱室、人体工学座椅等。

燕房线候车厅

人体工学座椅

应急指挥高效性

发生紧急情况时，控制中心远程介入处理。运营管理由分散控制转变为集中控制，提升了运行组织效率。整体自动化水平的提升和切实有效的控制策略，可减少或有效避免人为误操作导致的地铁事故发生。

自主研发“样板路”

燕房线作为国内首条自主研发的全自动运行示范线路，代表了世界领先水平，填补了国内空白。对抢抓人工智能发展的重大战略机遇，构筑中国人工智能发展的先发优势，加快建设交通强国具有重要意义，标志着中国轨道交通全自动运行技术不再依赖进口，其技术探索和宝贵经验将为后续线路发挥样板作用。

燕房线的运营安全风险管理创新和运营安全风险管理信息化系统，获得了第十七届全国交通企业管理现代化创新成果一等奖。

全自动运行的市域快轨线——北京大兴国际机场线

北京大兴国际机场线，简称大兴机场线，于 2019 年 9 月 26 日与北京大兴国际机场同步开通运营，其主要功能是提供新机场与中心城之间快速、直达、大运量的公共交通服务，实现“半小时”到达中心城目标。一期工程北起丰台草桥，南至北京大兴国际机场，全长 41.36 公里，共设草桥站、大兴新城站和大兴机场站 3 座车站。

大兴机场线介绍

大兴机场线列车

大兴机场线是全国首条最高运行速度 160 公里 / 小时的全自动运行市域快速轨道线路，既具备载客量大、快起快停、快速乘降等地铁车辆优点，又拥有较高速度等级、乘坐舒适性高等动车组的优势，特别适合“快速、大运量、公交化、乘坐舒适”等运营需求。在草桥站上车，只需 19 分钟即可到达北京大兴国际机场。

现代化、智能化的服务设备

大兴机场线车厢设置了 USB 充电接口和车载无线上网系统，为乘客提供充电上网服务，满足乘客商旅办公、移动社交等互联网基本服务需求。车站设置服务机器人，备有翻译机，支持汉语与英语、日语、韩语、法语、西班牙语等 34 种语言的语音翻译及汉语方言识别功能。草桥站首次采用多媒体站台门系统，通过设在轨行区的投影仪将图像投影到站台门固定门上，提高站台门的综合利用率。

车厢：设置 USB 充电接口、车载无线上网系统，为乘客提供充电上网服务

卫生间：参照航站楼标准，设有广播、增香机、儿童低矮洗手池等

多媒体站台门系统

首次示范应用高速度等级架空刚性接触网

大兴机场线在国内首次示范应用时速 160 公里高速度等级架空刚性接触网，该技术可最大限度减小隧道开挖断面面积，降低建设投资成本。大兴机场线构建了接触网服役状态检测平台，建立了技术标准体系，实现了部分核心零部件国产化，形成时速 160 公里架空刚性接触网产品体系，有效增强了我国轨道交通相关企业的市场竞争力。

高速度等级架空刚性接触网

开启“四八混跑”时代，提升运输效率

大兴机场线为北京首条实现“四八混跑”的轨道交通线路。具体来说，在客流较大时段全部上线“八编组列车”，客流较小时段上线“四编组列车”，

两种编组列车混合运转。同时，站内设置了清晰的乘客指引。采用“四八混跑”的好处是：既能合理配置各时段线路运能，又能均衡线路客流低峰时段的列车满载率，降低线路运营成本，缩短最小行车间隔，减少乘客等待时间，提升乘客乘车体验和线路服务水平，实现“灵活运营、高效服务”的轨道交通目标。

“四八混跑”编组

首条拥有完全自主知识产权的磁浮线路——长沙磁浮快线

目前，世界上共有四条中低速磁浮运营线路，即长沙磁浮快线、北京磁浮 S1 线、日本爱知县东部丘陵线和韩国仁川机场磁悬浮线。长沙磁浮快线全长 18.55 公里，是四条中低速磁悬浮线路中最长的一条。

长沙磁浮快线连接长沙黄花国际机场和长沙高铁站，线路设计最高运行速度 110 公里 / 小时、运营最高速度 100 公里 / 小时，全程运行时间约 19 分钟，每列车三节编组。2014 年 5 月，工程开工建设。2016 年 5 月 6 日，正式投入载客试运营。

长沙磁浮快线

长沙磁浮快线是中国首条具有自主知识产权的中低速磁浮列车线路，它的建成和运营，标志着我国具有自主知识产权的中低速磁浮交通系统已实现工程化应用。

运行中的长沙磁浮快线列车

攻克集成技术，打破国外技术垄断

攻克了中低速磁浮列车大系统集成技术，搭建了中低速磁浮列车系统一体化技术平台，打破了国外技术垄断，填补了我国中低速磁浮车辆工程化和产业化运用领域的空白；创新了高精度要求的中低速磁浮设计和建造技术，保证车、轨、梁、接触轨四者位置关系的高精度匹配，解决了系统工程化应用过程中的技术难题。

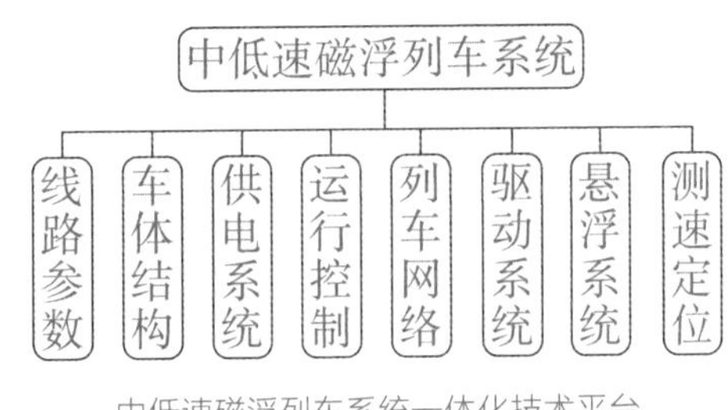

中低速磁浮列车系统一体化技术平台

采用精度控制技术保证乘坐舒适性

创新运用动力仿真计算等手段，确立了桥梁、低置结构刚度、自振频率、工后沉降控制、跨度桥梁轨道接头等标准，以及轨道铺设精度和接触轨安装精度控制技术，确保列车满足悬浮间隙在 2 毫米范围内波动，乘客乘坐平稳舒适。

创新“精益修”模式，完善运营检修维护体系

针对国内无中低速磁浮运营先例的难题，结合地铁成功经验，通过理论学习和实践培训，自主培养磁浮司机和专业维护检修人员。为减少运营维护（含人工）成本、提高车辆上线运用率、延长车辆寿命、确保车辆安全运行，创新了基于精益生产管理的长沙磁浮车辆“精益修”模式。

长沙磁浮快线搭建了集投资、设计、建设、运营于一体的中低速磁浮交通系统产业链，完善了中低速磁浮交通系统设计、建设、验收和运营的成套技术标准体系，是我国城市轨道交通七种制式中的重要组成部分。该线路被交通运输部评为“中国运输领袖品牌”，还获得了 2018—2019 年度第一批国家优质工程金质奖、庆祝中华人民共和国成立 70 周年经典工程等荣誉。

国内首条跨市域轨道交通线路——广佛线

广佛线全长约 38.9 公里，于 2010 年 11 月 3 日开通试运营，是国内首条城际间城市轨道交通线路。该线路自开通至今，日均客流由 10.3 万人次增长到 53 万人次，沿线站点乘降量增长 5~10 倍以上，有力促进了广佛同城化发展。

广佛线列车

作为区域轨道交通发展一体化的先行者，该线路开创了“一线联两城、两城管一线”的全新管理模式，在当前中共中央、国务院大力推动国家重大区域战略融合发展的大背景下，这种管理模式对其他同类型城市群的发展，具有重要的指导意义。

在跨市协同建设与运营方面，以广佛线为基础，历经 10 年探索和实践，广佛两市基本形成较为成熟的跨市协同模式。2019 年，两市共同编制了《广佛两市城市轨道交通互联互通白皮书》和行动细则，为后续跨市线路的建设和运营提供了经验和借鉴。

智能调度的新篇章——轨道交通指挥中心

北京市轨道交通指挥中心

北京市轨道交通指挥中心（简称“轨指中心”）成立于 2007 年 3 月 22 日，主要承担北京市轨道交通线网运营协调与应急处置、票款清分清算与一票通卡发行管理、运营信息汇总与统计分析、运营评估评审、网络化运营设备设施系统标准化管控工作，以及研究提出有关票制票价调整意见等工作。2008 年，轨指中心正式投入运营，标志着北京轨道交通迈入网络化运营的新阶段，同时也开启了路网调度指挥模式的新篇章。

北京轨道交通指挥中心调度大厅

建立路网调度指挥体系，实现集中统一指挥。轨指中心在成立之初就明确了自身定位，通过对轨道交通线路控制中心的物理集中，完成运行控制中心（Operating Control Center，OCC）建设模式从“一线一中心”到全网同厅同台的转变，对各线路的行车组织、电力控制、环境控制等专业系统资源进行系统整合，建设路网调度指挥与应急处置管理平台（Television Control Center，TCC），为实现路网日常运营统一指挥、突发事件时快速反应创造条件。建成全国首个路网级自动售检票系统（Automatic Fare Collection，AFC）监视中心，轨指中心与各入驻单位按“同厅指挥、高效协同、技术业务联动”工作流转机制，实现对全网1.6万台套AFC设备“智能感知”和集中监控。

严密监视路网运营状态，及时高效应对突发事件。路网调度员在日常值守工作中紧盯全网列车运行状态，关注列车延误情况；根据每日客流特点，调取相应重点车站的站外、站厅、站台、换乘通道等关键部位的视频图像，全貌监视车站客流情况；通过舆情监视系统关注影响路网运营安全及与乘客服务相关的网络舆情并核实追踪。一旦发现运营异常，将根据实际情况立即组织各运营企业路网调度指挥组成员进行会商、研判，必要时发布启动突发事件应急处置的命令，组织指挥组按应急预案开展应急处置工作。

实现全网二维码乘车，人脸识别过闸试点。2019 年 9 月 26 日，北京市轨道交通全网实现二维码乘车。同年 11 月，轨指中心在机场线以每站选取一进一出闸机设备进行设备改造，试点安装人脸识别设备，并测试闸机原功能以及光照、识别距离、人脸识别通行率、人脸与其他票卡混刷等人脸识别过闸关键指标。同时，轨道交通互联网票务服务平台推出电子发票服务，为乘客提供在线申领行程发票服务。

“亿通行”App 界面

人脸识别设备

强化协同联动，全力做好重大活动保障。针对北京市重大活动保障任务多、要求高的特点，轨指中心线网调度室充分发挥协调联络作用，强化与相关职能部门、地铁运营企业等的沟通对接，统筹各种资源，确保全市轨道交通路网安全稳定运行，全力服务“新中国成立 70 周年大庆保障”等重大活动。

全力参与抗疫工作，保障城市正常运行。2020 年初，一场突如其来的新冠肺炎疫情席卷全国，轨指中心沉着应对，确保北京市轨道交通运营指挥的“大脑”在任何情况下都不受影响。在疫情期间，虽然路网日均客流量较往年同期大幅下降，但为了避免乘车密度过高，各线列车仍然要保持高密度的开行。路网调度员通过调度系统高度关注列车满载率和车站客流情况，一旦发现客流聚集情况，及时通知相关线路调度员及车站采取加开临客、联合限流、换乘管控等措施，以达到降低满载率的目的。

疫情期间调度员指挥工作现场

深圳市轨道交通网络运营控制中心

深圳市轨道交通网络运营控制中心（NOCC）主要包含轨道交通线网规划 25 条线路控制中心（OCC)、线网指挥中心（NCC）、线网 AFC 系统清分中心（ACC）、AFC 多线路中心（CLC）及线网服务中心相关配套设施。

深圳市轨道交通网络运营控制中心政府级调度大厅

2012 年 2 月，深圳市政府明确了 NOCC 工程“城市轨道交通网络化运营管理及线网应急协调”的设计功能。NOCC 设置有“企业级”和“政府级”两级网络运营指挥中心，实现了线网运营调度集中管理与统一指挥功能。

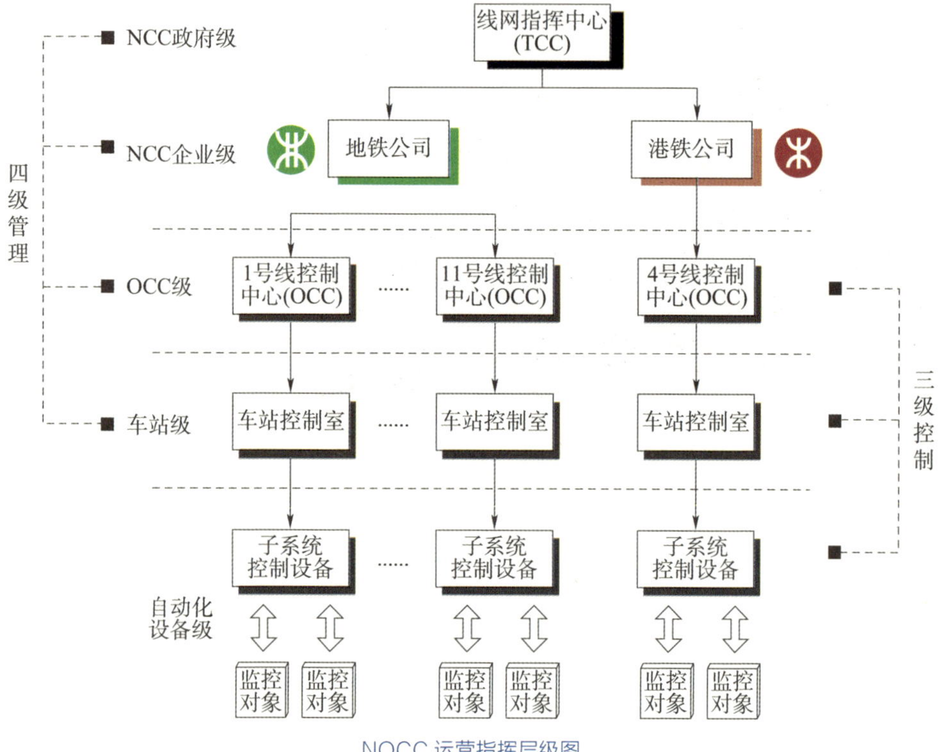

NOCC 运营指挥层级图

（二）公交优先，低碳出行

打造公交都市——建设人民满意公交

新中国成立初期，城市进行了新建和改造，城市道路条件开始得到改善，道路骨架系统逐步建立。城市公共汽电车发展总体处于起步和培育阶段，仅有北京、上海等部分城市开通了城市公共汽电车线路。

改革开放以来，我国城镇化进程加快，成为新一轮城市公交发展的推动力。随着道路状况的改善和车辆制造工艺的改进，公共汽电车开始在全国普及，车辆数持续增长，从1978年的2.58万辆增加到2011年底的45.3万辆，逐渐成为城市居民最主要的出行方式。

党的十八大以来，党和政府高度重视城市公共交通的发展。2012年，国务院印发《关于城市优先发展公共交通的指导意见》，确立了城市优先发展公共交通的战略。2015年，中央城市工作会议明确提出要优先发展城市公共交通。2016年，《国务院关于深入推进新型城镇化建设的若干意见》也将优先发展公共交通列为重要任务。《中华人民共和国国民经济和社会发展第十三个五年规划纲要》提出，实行公共交通优先，加快发展城市轨道交通、快速公交等大容量公共交通，鼓励绿色出行。

2012年以来，交通运输部在全国分三批选取了87个城市开展国家公交都市建设示范工程，积极倡导公共交通引领城市发展模式，全面落实公共交通优先发展战略，支持各城市因地制宜、先行先试，形成了一批可复制、可推广的典型案例。国家公交都市建设推动我国公交发展实现了从“被动适应”向“主动引领”的转变、从“部门行为”向“政府行为”的转变、从“具体项目”向“全面推进”的转变，打造了公交优先发展品牌，公交优先发展理念逐步深入人心，有力提升了城市人民群众公交出行的获得感和幸福感。

升级载运装备——车辆技术飞跃发展

更加绿色

公交行业作为新能源汽车技术推广应用的“排头兵”，坚决贯彻落实党中央、国务院关于发展新能源汽车的决策部署，不断提升绿色交通装备水平，推动绿色车辆规模化应用，完善行业补助政策，加速淘汰高能耗、高排放公交车辆。

近年来，新能源公交车的动力电池和关键材料性能指标稳步提升。纯电动公交车已经成为我国占比最高的公交车类型，截至 2020 年底，我国拥有纯电动公交车 37.87 万辆，在公交车总量中占比达 53.76%。公交车型进一步丰富壮大，小至 6 米微循环巴士，大至 18 米的城市快速公交（BRT）铰接车和双层巴士，多种车型适应了不同线路的运营需求。

微循环巴士

双层巴士

2017 年，深圳成为全球首个实现公交纯电动化的城市，1.6 万辆公交车每天穿梭往来于深圳街头，实现零排放。对此，外媒惊叹“过去只能在科幻片中看到的景象，如今在中国深圳变成了现实”。

深圳成为全球首个实现公交纯电动化的城市

夜幕下的公交充电场
（安徽宿州）

更加安全

让公交驾驶更安全，让乘客出行更安心。2019 年以来，各地逐步推行公交驾驶员防护隔离设施全覆盖，城市公共汽电车企业在新购置公交车辆时均选购驾驶区域防护隔离设施；客车生产企业对已经投入使用的公交车，也积极改造安装驾驶区域防护隔离设施。这些防护隔离设施的普及，进一步提升了公交安全防护能力，保障了驾驶员安全驾驶环境，为广大市民提供更为安全的出行环境。

公交驾驶员防护隔离设施

更加舒适

曾经，乘公交车被形容为“夏天进蒸笼，冬天进冰箱”。如今，冬暖夏凉的空调车已遍布全国。车载智能设备的广泛应用，为乘坐公交出行带来了更加舒适的体验。智能读卡器免除了上车找零钱的麻烦，车载信息屏为漫漫旅途带来轻松与愉悦。曾经“车前车后，沟通靠吼”的尴尬不再，路况摄像头、前后门摄像头、车内摄像头和倒车摄像头，综合记录了公交车运行的全方位信息，让公交车驾驶员坐在驾驶位上就能洞悉整辆车的运行情况。

公交车内车载信息屏

公交车刷卡器

驾驶员位影像系统

更加便捷

“公交优先，一个都不能少”。为了更好地服务残疾人和老年人安全、便捷使用公交出行，我国出台了推进公交车辆无障碍化的有关政策文件和标准规范，对公交车轮椅上下车辅助装置的配置、固定和放置提出要求。各地加快推动车辆和站台设置语音和文字导航及盲文站牌等，配备车载 LED 显示和语音报站系统，试点安装车载导盲系统，为残疾人、老年人等群体提供出行信息服务。

无障碍解决方案

如深圳市无障碍公交车配备车载电动伸缩板，公交驾驶员可直接操控伸缩，配合公交车气囊倾斜功能，斜坡坡度可减缓，同时，还配备了车载视频客流采集仪、电子后视镜、导盲设备等。

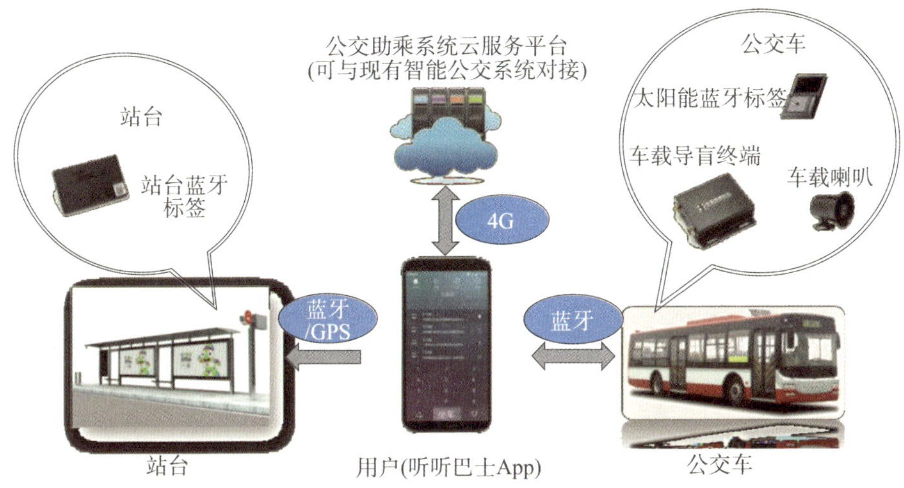

公交助乘服务系统示意图

中国特色——城市快速公交（BRT）

21 世纪以来，BRT 等中运量公交系统凭借快捷性、准点性和舒适性方面的优势，逐渐在国内多个城市建设运行，并取得了良好效果。BRT 除了兼具轨道交通速度快、运量大的特点外，又具有常规公交灵活、造价低等优点，已成为现代城市优化公交服务网络、解决城市交通拥堵的重要举措之一。

2017 年 2 月，上海市开通了延安路中运量公交 71 路，从延安东路外滩站延伸到申昆路枢纽站，连通了上海最大的交通枢纽虹桥综合交通枢纽与最繁华的外滩商圈，全程 17 公里。

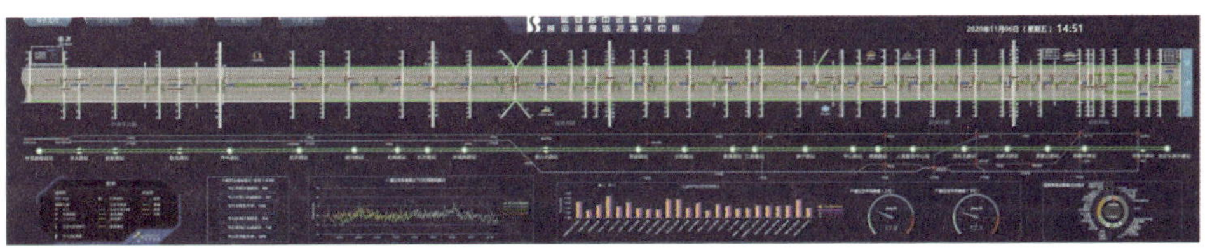

上海市延安路 71 路中运量公交系统综合监控系统

上海市基于大数据、云计算、互联网 +、车联网等信息化技术，搭建了公交智慧云平台，将各线路的车辆、驾驶员、停车场、站点等相关信息及实时营运车速、停站时间、车厢舒适度等动态信息集成，通过云平台进行预警和实时监控管理，落实对各类突发事件、应急情况和大型活动的协调和指挥工作，并支持 71 路的智慧运营，可以实现人、车、路等信息的交换共享。线路日均客运量达到 5 万人次，居上海市公交线路日客运量之首，被市民亲切地称作“地面铁路”。

上海市延安路 71 路中运量公交系统

“互联网 + 公交”——多模式公交服务蓬勃发展

伴随着互联网技术的快速发展，“互联网 +”与城市交通持续融合发展，多元化公交服务模式竞相迸发，公交“智慧化”“品质化”趋势明显，有力推动了运营组织模式创新和运行效率提升。差异化定制服务模式持续推进，“按需定制、一键购票、便捷换乘”的出行服务产品丰富了人民群众的多样化、个性化出行选择。微循环公交、社区公交如同毛细血管，深入居民社区，真正做到了出行的无缝衔接。

需求响应，舒心出行

定制公交通过运用大数据分析和平台整合现有运力资源，能够将用户需求与出行线路做到精准匹配，定制个性化线路。同时，定制公交通过提供一人一座、空调、Wi-Fi 等服务，大幅提升了乘客舒适体验。截至 2020 年底，全国已有 50 余个公交都市创建城市提供了基于互联网的定制公交服务，多个城市开通定制公交、商务班车、旅游专线、通勤班车等特色公交。

广州市如约巴士有效缓解了重点枢纽、重要时段旅客集疏运难题；深圳市定制公交平台累计开通线路 1700 余条，累计运输人次超过 1350 万；杭州市推出“橙意暖巴”，为具有相近出行方向乘车需求的旅客提供“准门对门”的定制公交服务，具有无固定走向、无固定站点、按路线远近由近及远依次送达等特点，让市民公交出行更加惬意、暖心。

杭州市“橙意暖巴”

全面智能化应用，公交出行更加智慧

交通运输部先后组织开展了“城市公共交通运营监管信息平台关键技术研发”等重大科技项目研究，形成了部—省—市—企业多级联动的公共交通监管信息技术体系。

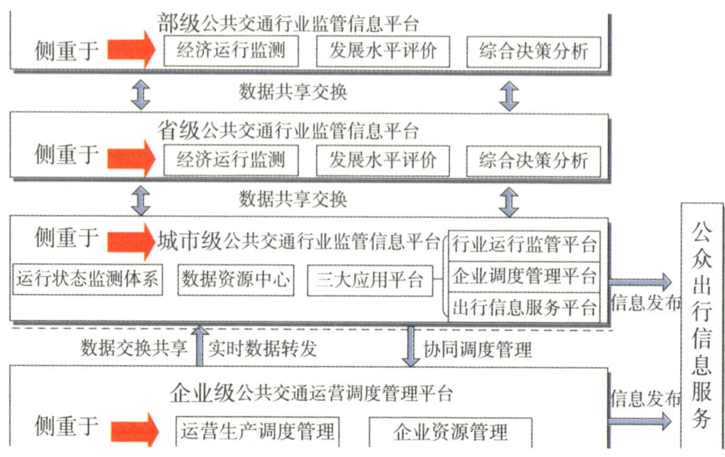

公共交通监管信息技术体系

2012 年，交通运输部启动了城市公共交通智能化应用示范工程，涉及 36 个国家公交都市创建城市。基于这一示范工程，建立了我国城市公共交通智能化技术的体系框架，形成了《城市公共交通智能化应用示范工程建设指南》，提出了涵盖车载设备、通信协议、数据资源、应用服务在内的 11 项示范工程系列技术要求，构建了我国城市公共交通智能化标准规范体系，对引导和推动各地公共交通智能化建设、规范公共交通智能化产业发展等发挥重要作用。

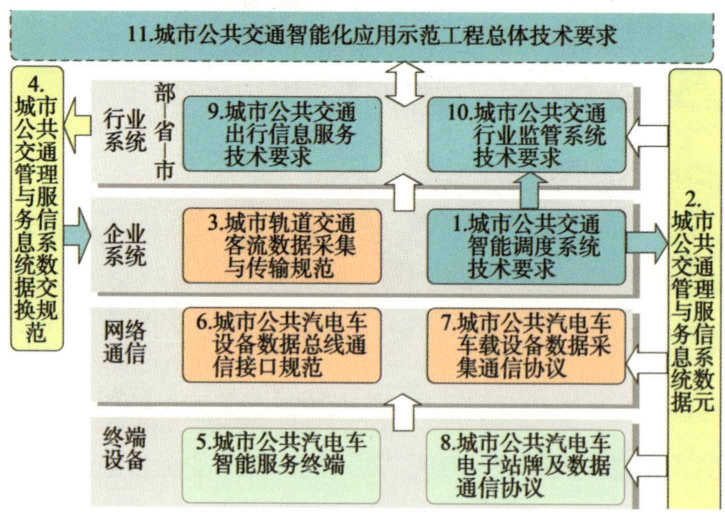

城市公共交通智能化标准规范体系

公交出行信息服务得到应用普及，已实现通过网站、微信公众号、手机App、车载信息显示屏、电子站牌等多方式提供线路站点等基础信息，以及车辆到站预报等动态信息服务，不断为乘客出行提供高品质服务。

例如，广州交通·行讯通 App 实现了公交、地铁、出租、路况等综合交通信息服务，总用户量超过 700 万，日活跃用户量超 20 万；深圳已将电子站牌融入新型智慧城市建设，打造智慧公交车站，具备公交预报信息、实时信息通知、高品质语音播报、实时视频监控、Wi-Fi 服务等功能，方便人民群众出行。

车内拥挤度监测预报等精准信息服务得到推广应用，极大提升了乘客出行的信息对称性与主动诱导服务能力，减少乘客候车时间。交通运输建设科技项目“城市客运网络安全风险主动防控技术研究”研发了基于网页端、移动 App、电子站牌、车载信息服务屏等多种载体的客流拥挤度精准信息服务技术体系，已应用于北京、郑州等多个城市。

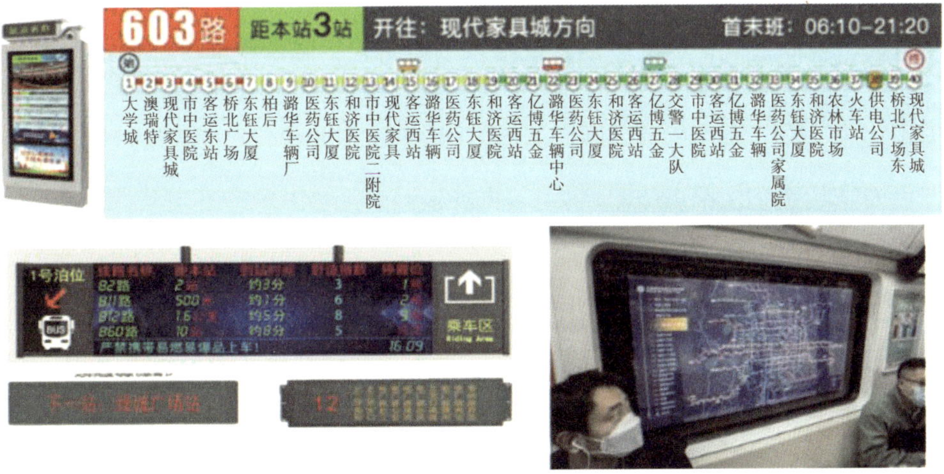

到站时间精准预报与到站提醒　　地铁列车魔窗信息服务系统

郑州公交、北京地铁的车辆位置、舒适度、区间速度实时播报

便捷化移动支付，公交出行更加时尚

“互联网 +”与城市交通融合发展，仅用一部手机就可以轻松实现乘坐公交车、地铁，交通一卡通、手机移动支付、银联闪付，甚至“刷脸”乘车。

交通一卡通互联互通持续拓展

截至2020年底，全国共有303个地级以上城市实现交通一卡通互联互通。交通一卡通从仅支持公交、地铁，拓展到支持公共自行车、轮渡、城乡客运、市郊线路等多种交通运输方式。在发行实体卡基础上，基于移动互联网技术，拓展一卡通虚拟卡、二维码等手机移动支付应用，实现“互联网 +”线上发行、充值、消费等功能。

手机移动支付方式快速发展

目前，已有100多个城市公交实现手机移动支付，12个城市实现公交与地铁移动支付的互联互通，成都市天府通App为全国超过323个城市的游客提供了出行服务。多模式移动支付实现一体化，提供聚合支付终端，实现IC卡、二维码、银联云闪付、人脸识别等多种支付方式，满足乘客多样化支付与便捷出行的需求。

（三）扫码骑行，绿色共享

20世纪80年代，中国的自行车保有量达到5亿辆，是名副其实的“自行车王国”。在汽车尚未普及的年代，自行车是存在感最高的代步工具。自行车使中国人第一次整体提高了出行速度，它不仅是主要的交通工具、方便的运输工具，更是当时人们美好生活的象征。奔涌的自行车洪流是中国城市的一道风景线。

20 世纪 80 年代的
“自行车王国”

20 世纪 90 年代后，出租汽车、公交车、地铁让通勤越发便捷，逐渐替代了当时作为主要代步工具的自行车。与此同时，自行车也被贴上了运动、健康、休闲等新的标签。

进入 21 世纪后，随着经济快速发展，汽车成为中国城镇道路的主角。城市化挤压了自行车的骑行空间，但由此引发的“城市病”也给自行车创造了新生的机遇。

2016 年以来，互联网租赁自行车（俗称“共享单车”）的投放，开启了我国“自行车王国”的复兴之路。交通拥堵、空气污染，让人们重新认识到自行车的绿色、便捷与实惠。共享单车成为中国走向世界舞台的一张新名片。

共享单车的出现，促进了传统公共自行车的转型升级，两者融合发展，可以实现优势互补。南京市推动共享单车与公共自行车运营企业开展合作，充分发挥公共自行车企业线下运维优势，由公共自行车企业统一提供车辆停放秩序管理、车辆保洁、失联车寻找及故障车鉴定上报等工作。杭州、西安等城市对公共自行车进行了无桩化改造，自行车安装了智能锁，试点“电子桩 + 实体桩”技术等工作，不断提升公共自行车骑行便捷度。

杭州无桩公共自行车

摆脱桩的束缚——“自行车王国”街头复兴

共享单车是分时租赁营运非机动车，是“互联网 +”技术和租赁自行车融合发展的新型服务模式。它把自行车与手机端结合起来，用户只需轻松扫码即可骑走。智能手机和智能锁的应用，使自行车摆脱了锁桩限制，简化了借还程序，一经投放即受到广大市民尤其是年轻人的喜爱，迅速成为城市居民短距离出行的重要交通工具。

城市街头的共享单车

截至 2020 年，共享单车在超过 360 个城市运营（覆盖全部直辖市、省会城市和计划单列市，地级市 287 个，县级市 53 个），投入车辆达 1945 万辆，日均订单量达 4570 万。共享单车的迅速普及，推动着越来越多的城市为自行车腾出行车和停车的空间。

突破技术创新——共享单车扫码新模式

共享单车通过技术变革，改变了传统公共自行车的运营模式，是通信技术、定位技术和移动互联网技术融合发展的结晶。共享单车主要包含三大技术要素：车辆技术、智能锁技术和电子围栏技术。

车辆技术

共享单车在车身上配有智能锁，车辆通过智能锁和智能管理平台建立联系，形成车联网。用户通过使用智能手机上的 App 扫描车身或智能锁上的二维码开锁用车。安装了智能锁的每一辆车，都是一个双向通信节点，车辆可以实时向后台服务器上报自身数据（位置信息、速度信息、电量信息、环境温度、故障等），后台服务器通过在中央处理器（MCU）运行的嵌入式软件系统，实现远程开关锁、精准卫星定位、云端数据通信、低功耗电源管理等多种功能，从而完成对车辆的远程控制和升级。

智能锁技术

互联网租赁自行车从上线至今，开锁方式经历了数次优化。从最初的短信开锁和手动机械解锁，到如今的“GPS 定位 + 蓝牙”解锁。智能锁基本由控制、通信、感知、执行、供电等模块组成。

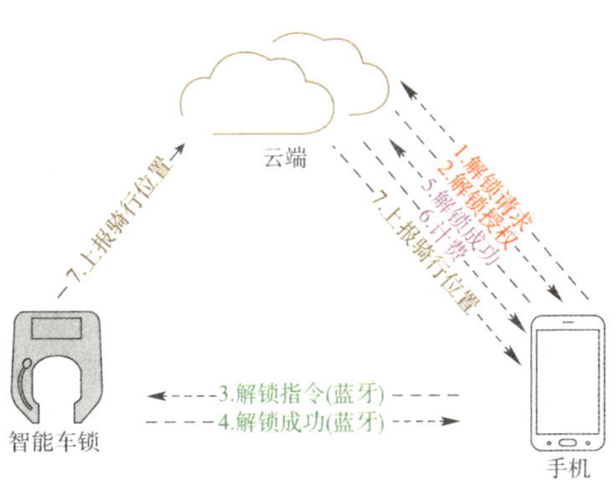

蓝牙智能车锁工作原理

电子围栏技术

电子围栏就是一个个虚拟的停车框，用户必须将车辆停在指定的停车框中，否则无法锁车结束行程。电子围栏的主要目的，是引导用户有序停放，维护城市交通秩序。目前，电子围栏技术主要有两大类，一类是基于蓝牙道钉技术的电子围栏，另一类是基于卫星定位技术的电子围栏。

基于蓝牙道钉技术的电子围栏，通过在规定区域内布设蓝牙道钉，由车锁过滤道钉信号，搭配相关算法，从而判断车辆位置是否在停车区域内，准确度可达到亚米级别。该技术通过智能锁或蓝牙标签发射蓝牙信号，需要车辆装有具备蓝牙模块的智能锁或者车身加装蓝牙标签。蓝牙道钉接收信号后传输到网关，再从网关上传到后台管理系统。

基于蓝牙技术的立杆式电子围栏

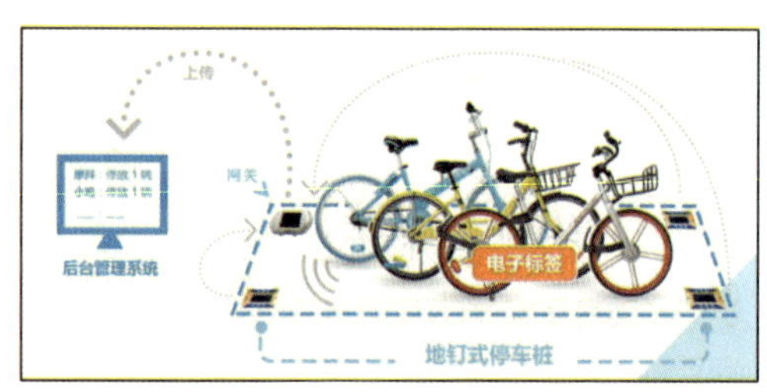

基于蓝牙技术的非立杆式电子围栏

基于卫星定位技术的电子围栏有别于蓝牙技术的电子围栏，无需安装道钉等设施，具有布设围栏灵活、城市实施成本低等优势，可通过车锁的 GPS 模块感知车辆是否入栏。

2020 年，青桔单车发布搭载北斗高精度定位技术的 GEO 系列新品共享单车，这是北斗导航技术首次应用于共享单车行业，也是北斗应用拓展千万级终端市场的新实践。

青桔 GEO 系列单车搭载北斗高精度导航定位芯片，采用实时动态载波相位差分定位技术，理想状态下对车辆的关锁定位可限制在厘米级，实现了共享单车高精度电子围栏的无桩式停放和入栏结算。与目前市场上通常采用的蓝牙道钉—马蹄锁、GPS 定位—马蹄锁等共享单车停车技术方案相比，北斗高精度方案具有定位精度高、虚拟围栏、路面无感、实现“入栏结算”等优势，是技术创新推动行业发展的典型案例。

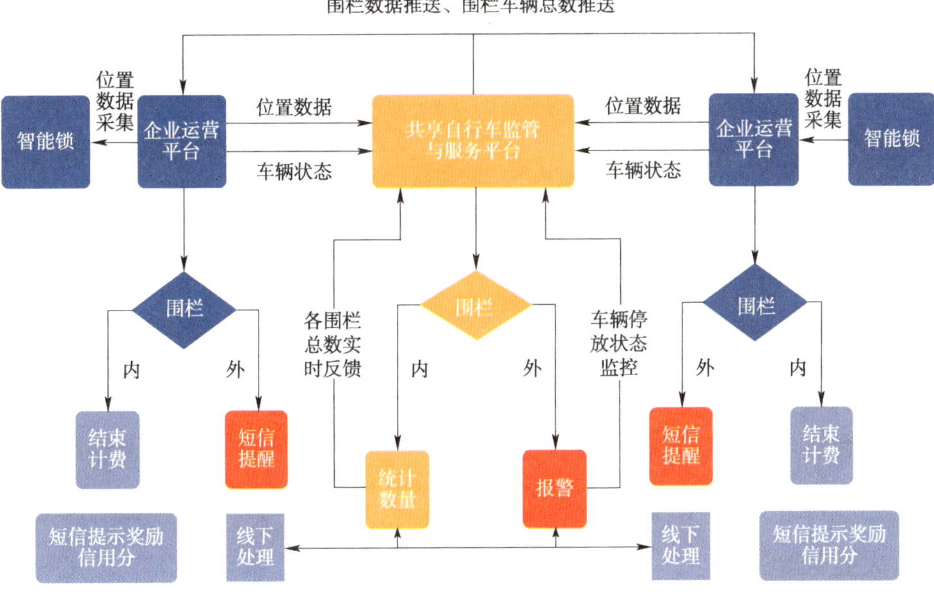

基于卫星定位技术的电子围栏技术

（四）出租汽车，技术创新

我国的出租汽车最早于 1903 年出现在哈尔滨，当时不足 10 辆。1908 年，美国高环供应公司百货商场办起了中国最早的出租汽车公司，10 余辆凯迪拉克出现在上海街头。1913 年，法国人开设了飞燕汽马车行，北京开始出现出租汽车，随后，广州、重庆等地也陆续出现。但在那时，汽车尚未普及，人力车是城市中产阶级的主要交通工具。抗日战争时期，由于战争的纷扰，各

新中国成立前的人力车

个城市出租汽车行业发展受到了冲击，数量急剧减少。

新中国成立以后，国家百废待兴，各地均优先发展公共交通，出租汽车行业发展缓慢。1951 年，为了解决外事活动的车辆接待问题，新中国第一家国营出租汽车公司——首都汽车公司在北京成立。

改革开放以来，我国出租汽车行业快速发展，在解决群众出行方面发挥了重要作用。但随着时间的推移，不少城市出现了“打车难”和行业服务质量不高、人民群众多层次出行需求得不到有效满足等突出问题，社会对出租汽车服务总体满意度不高。

2014 年 7 月以来，网约车基于移动互联网技术，有效整合了供需信息，较好地满足了乘客高品质、多样化的出行需求，改善了乘客体验，在促进灵活就业方面也发挥了积极作用。

加强技术创新——改善乘客体验

移动互联网及智能终端

移动智能终端的快速普及应用，使用户可以便捷地接入移动互联网，获取信息和服务。乘客和驾驶员只要下载网约车 App，便可通过基于位置服务技术，实时了解双方的位置，便于接送乘客。

人工智能和大数据技术

网约车平台可根据驾驶员和乘客使用软件产生的大量数据，通过人工智能和大数据挖掘技术，预测乘客出行目的地、推荐上车地点，并能实时学习城市交通出行规律，了解交通工具和道路情况，以毫秒级的速度实时计算，做出最优的供需匹配和智能调度。不仅整体最大化了城市的交通效率，也尽可能地优化了每个人的出行体验。

多措并举——提升安全保障

2018 年连续发生的两起网约车顺风车恶性案件造成恶劣社会影响，也暴露了平台公司在资格审核、线下管理、隐私信息保护等方面存在漏洞。事件发生后，各平台公司制定整改方案，采取多项措施，提升乘客安全保障水平。

加强用户隐私保护

彻底移除产品社交属性，移除乘客个性化头像、性别、车型、与出行无关的评价标签等涉及个人隐私的信息。全量上线虚拟号码，100% 无门槛提供虚拟号服务。将用户个人头像、昵称全部下线，创立合规中立标签、匿名评价体系，禁止合乘双方自主编辑评价内容，减少恶意骚扰，保障用户隐私权益。评论环节，只设固定的与服务质量相关的标签选项，不具备发送评论功能。

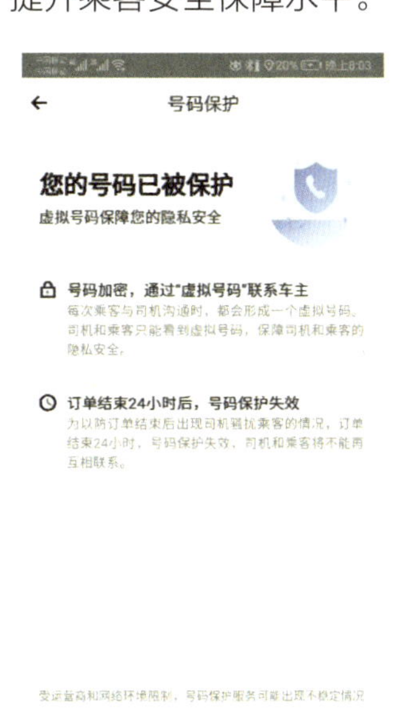

隐私号码保护 App 页面

增加安全保障功能

网约车平台公司上线实时位置上传、轨迹异常预警、紧急联系人、行程分享、110 报警、行程录音等功能，全面提升安全监测及处置能力。

安全护航功能可跟踪乘客上车、下车整体行程，通过实时定位的方式监控乘客的轨迹；平台实时分析用户轨迹数据，对车辆线路异常、中途取消订单、卸载 App 等异常场景，及时处理车辆动态风险隐患，实时进行高危预警。

一键报警功能，指行程中，乘客如遇险情，可立即点击页面悬浮的“110报警”按钮一键报警，页面会提供行程具体位置信息（当前准确位置）和车辆信息（车牌号、车型、车辆颜色）以便报警时快速向警方说明，尽快获救；积极寻求与当地警方 110 实现实时对接，将行程信息无缝对接到警方。

行程分享功能，指乘客可在安全中心管理添加安全联系人并设置行程自动分享时间段，设置后该时段内所有行程信息，均会以短信的形式自动分享给安全联系人；行程过程中，乘客可实时通过微信、短信和钉钉等方式，将行程信息分享给家人好友，如遇危险，家人好友可第一时间获知，并联系平台安全部门或立即报警。

录音取证功能，指乘客可在行程中使用录音取证功能，录音将加密上传至网约车平台。乘客可在行程结束 72 小时内使用录音取证功能，录音记录保存 7 天后即自动删除，保障车主和乘客隐私权益。

开发监管平台——提升治理能力

为适应互联网“一点接入、全网服务”技术特点，发挥互联网技术优势，服务企业和各级交通运输管理部门，实现信息共享和基本监管，交通运输部组织建设了部级网约车监管信息交互平台，利用信息技术手段实现管理部门与网约车平台公司互联互通与信息交换，创新监管方式和手段。

2016 年 12 月，交通运输部印发《网络预约出租汽车监管信息交互平台总体技术要求》，明确网约车监管信息交互平台采用数据集中式架构，在部级平台实现对全国网约车行业数据的接入汇总，并根据行业管理的属地化需求，由部级平台对全国网约车数据按照属地进行数据转发，为各省和城市提供基本监管服务功能和数据支撑。同时，明确了网约车监管信息交互平台的总体架构、功能要求、接口技术要求。

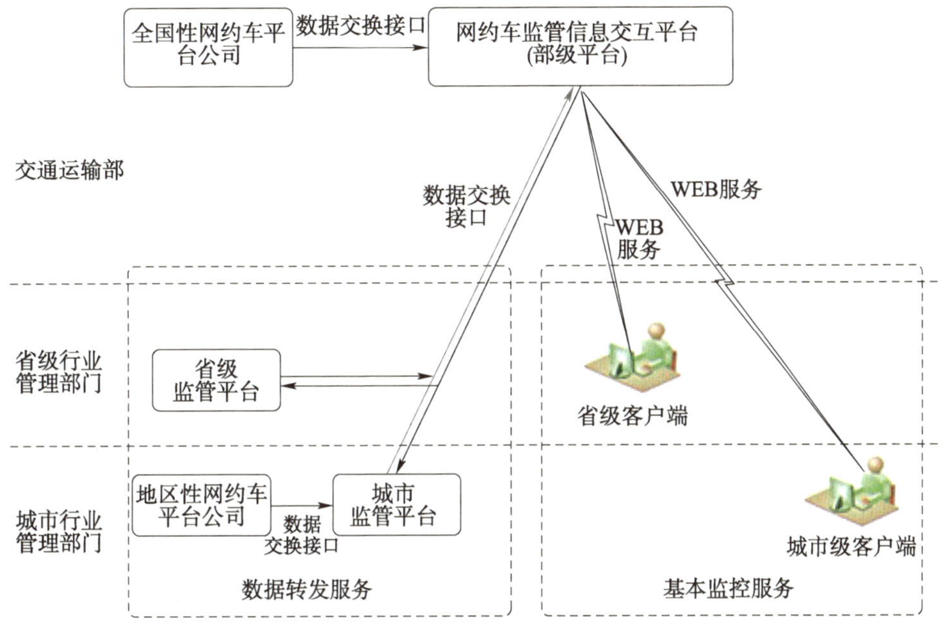

网约车监管信息交互平台总体架构图

针对前期部分网约车平台公司存在的数据传输不完整、传输质量差等问题，2018 年 2 月，交通运输部印发《网络预约出租汽车监管信息交互平台运行管理办法》，进一步明确了网约车监管信息交互平台数据传输、运行维护的有关要求，并重点围绕数据完整性、规范性、及时性、真实性等开展数据传输质量月度、年度测评，测评结果由部级平台定期向社会进行公布，年度测评结果与出租汽车企业服务质量信誉考核相挂钩。

此外，北京市已成立全国首支交通执法网络监管专业队伍，可利用信息系统、电子围栏功能，实现线上线下一体化监管。在线若发现网约车平台违规派单出京、未按规定落实防疫措施等违法行为，将进行高限处罚。

第三篇

奋进，交通强国筑梦未来

一、擘画交通强国新蓝图

党的十八大以来，习近平总书记深刻把握新时代我国发展的阶段性特征，对交通事业发展作出一系列重要论述。党的十九大报告，首次明确提出建设交通强国。这是以习近平同志为核心的党中央立足国情、着眼全局、面向未来作出的重大战略决策，是建设现代化经济体系的先行领域，是全面建设社会主义现代化国家的重要支撑。

推动交通强国建设

2019 年 9 月，《交通强国建设纲要》经中共中央、国务院批准正式印发，明确提出，到 2020 年，完成决胜全面建成小康社会交通建设任务和“十三五”现代综合交通运输体系发展规划各项任务，为交通强国建设奠定坚实基础。从 2021 年到本世纪中叶，分两个阶段推进交通强国建设。到 2035 年，基本建成交通强国。到本世纪中叶，全面建成人民满意、保障有力、世界前列的交通强国。

2021 年 2 月，中共中央、国务院印发《国家综合立体交通网规划纲要》（简称《规划纲要》），贯穿未来 15 年、展望未来 30 年，是我国第一个综合立体交通网中长期规划纲要。

《规划纲要》提出的发展目标是，到 2035 年，基本建成便捷顺畅、经济高效、绿色集约、智能先进、安全可靠的现代化高质量国家综合立体交通网，实现国际国内互联互通、全国主要城市立体畅达、县级节点有效覆盖，有力支撑“全国 123 出行交通圈”（都市区 1 小时通勤、城市群 2 小时通达、全国主要城市 3 小时覆盖）和“全球 123 快货物流圈”（国内 1 天送达、周边国家 2 天送达、全球主要城市 3 天送达）。交通基础设施质量、智能化与绿色化水平居世界前列。交通运输全面适应人民日益增长的美好生活需要，有力保障国家安全，支撑我国基本实现社会主义现代化。

到本世纪中叶，全面建成现代化高质量国家综合立体交通网，拥有世界一流的交通基础设施体系，交通运输供需有效平衡、服务优质均等、安全有力保障。新技术广泛应用，实现数字化、网络化、智能化、绿色化。出行安全便捷舒适，物流高效经济可靠，实现“人享其行、物优其流”，全面建成交通强国，为全面建成社会主义现代化强国当好先行。

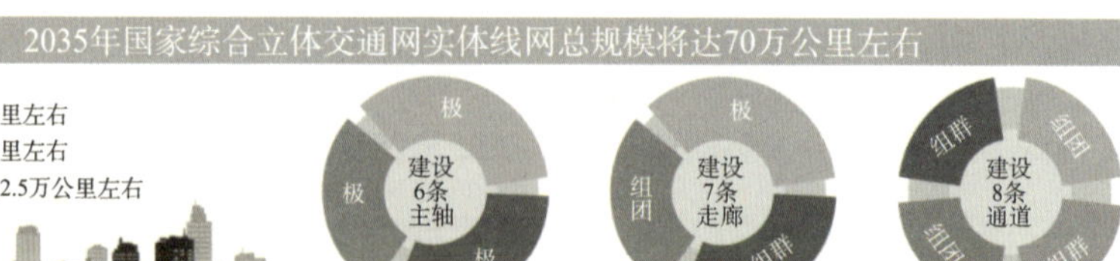

"三位一体"国家综合交通枢纽系统

▲建设面向世界的京津冀、长三角、粤港澳大湾区、成渝地区双城经济圈4大国际性综合交通枢纽集群

▲加快建设20个左右国际性综合交通枢纽城市以及80个左右全国性综合交通枢纽城市

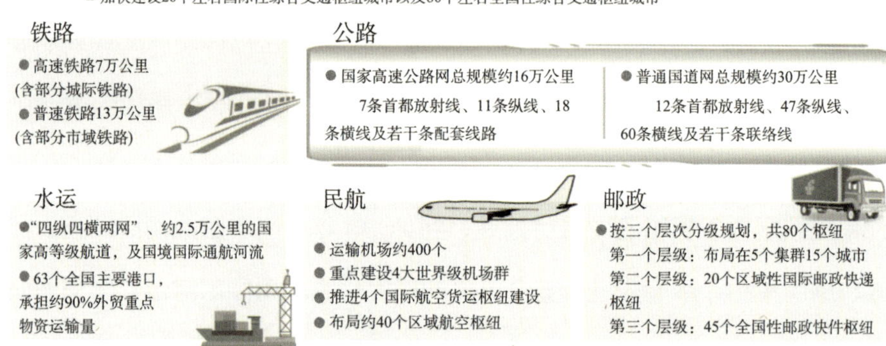

2035 年国家综合立体交通网规划

《交通强国建设纲要》和《国家综合立体交通网规划纲要》共同描绘出我国未来交通发展的宏伟蓝图，各级交通运输主管部门纷纷展开学习，并结合工作实际，认真贯彻落实。

交通强国建设系列丛书学习读本

二、科技创新，奋进新时代

世界级跨海通道建设技术发展

随着厦门翔安海底隧道、青岛胶州湾海底隧道、港珠澳大桥海底隧道的建成通车，我国在外海深埋隧道建设技术上取得了巨大进步，在勘察、设计、施工、装备等方面也获得了大批成果。然而，越来越多穿越范围巨大且环境复杂水域超级隧道的出现，使得中国跨海隧道建设面临着极大的技术挑战。

海底隧道的水文地质环境极其复杂，隧道施工面临着高水压、强侵蚀、多构造、断层破碎带等诸多技术难题。随着信息化程度的提高和大数据时代的到来，采用高精度物探、水平定向钻等技术以及各种综合分析数据方法，成为海底隧道精细化勘察与设计亟需解决的关键技术问题。针对强侵蚀、多构造等复杂严酷海洋环境，未来需要研发海底隧道建造高韧性、耐久性与智能感知型材料，开发隧道材料—结构—信息融合关键技术。

沉管隧道技术

海底隧道的修建方法主要有沉管法、盾构法和钻爆法。在海底软弱土层中修建的大型隧道工程一般选用沉管法和盾构法。与盾构法相比，沉管法具备对地质条件要求低、埋深较小、防水性能较好、断面形式灵活、可平行施工等诸多优势。目前，沉管隧道已经成为世界级跨海通道的主要比选工法之一。

港珠澳大桥 E25
沉管成功安装

对于沉管隧道，大型海底沉管的对接主要依赖于高精度施工定位技术。沉管法目前主要的技术挑战有沉管浮运中定位定姿与控制、形变动态精密测量、高精度沉放对接安装方法等，这就需要相应的设备具有更高的信息化、智能化程度。以港珠澳大桥建设为例，其沉管隧道测控系统采用测量塔，而测量塔制作成本高且安装拆除工作量大，如遇特殊天气，无法进行紧急撤离。在水动力复杂的大水深区，测量塔自身也会影响沉管的稳定性。现阶段还没有成熟可靠的无测量塔方案，因此需要依托前沿科技领域如电子、通信、高精尖仪器制作等方面的产业优势，探索全面领先的沉管对接技术装备。

悬浮隧道技术

传统的桥梁与海底隧道建设，或者在水面之上，或者在海底以下。但当跨度或者水深增大到一定程度，如在渤海海峡、琼州海峡、台湾海峡等深大峡湾海域，由于深水海床恶劣的施工作业条件，以及海面强风浪等诸多不利因素限制，传统的桥隧技术对此无能为力。然而，中国交通人并没有因此停止前进的步伐，科技的进步将帮助实现传统桥隧不可跨越的空间，颠覆性的隧道技术——悬浮隧道应运而生。

悬浮隧道的概念，早在19世纪60年代就已提出，但至今还没有形成完备的理论和技术体系，也没有一个国家将其付诸实际。与传统的“坐底式”跨海大桥或海底沉管隧道相比，悬浮隧道几乎不受水下地形、水深、跨度等的影响，理论上可建在任何长跨度、大水深、陡峭底床的水域。它是继跨海大桥、海底隧道后又一类深海峡湾跨越重大交通运输工程，是面向未来、面向科技前沿、具有前瞻性战略制高点和具有重大挑战的世界级科技难题。如果能率先攻克悬浮隧道核心技术，无论是引领我国未来交通运输事业的发展，推动相关学科的进步，还是助力实现国家科技强国战略目标，把握世界发展的主动权，都具有十分重要的战略意义。因此，悬浮隧道关键技术被列为我国面向未来的12个重点领域60个重大科学问题和工程技术难题之一。

悬浮隧道工程是利用浮力的原理建设悬浮于水中的一种大型跨海交通构筑物，主要用于解决人类未来实现深水、宽水域跨越问题，是一项多学科交叉的综合系统工程，集合了海洋工程、隧道工程、结构工程、岩土工程、材料工程等各个专业的难题。由于隧道悬浮于水中，其设计、建造方面的要求，与传统地下穿隧有着天壤之别，由此催生了一系列技术难题，诸如突破长跨度悬浮结构运动变形的控制、深水环境下悬浮隧道结构安全、恶劣海况下支撑系统稳定性等关键科学问题，而且还需攻克高韧性高强度特殊结构新材料、深水复杂条件施工工艺、工法、装备制造、风险防控等一系列关键工程技术难题。

在众多跨度达到数公里、水深达到几百米甚至超过千米的水域，悬浮隧道提供了另一种全新的可能性。国外如挪威、日本、美国、韩国、意大利、印度尼西亚、巴西等国沿海的一些大峡湾，都可以采用悬浮隧道这种创新型连通方式。我国海岸线绵长、岛屿众多，亦存在较多深海峡湾通道，比如渤海海峡、琼州海峡、台湾海峡等几大海峡，或者一些陆—岛间、岛—岛间通道等。这些水域最深处往往达到百米级，水下地形非常复杂，要实现交通运输跨越，悬浮隧道正是可行方案。作为拥有众多海峡天堑的国家——挪威，计划在 2035 年前斥资 470 亿美元，完成一个贯穿西部大峡湾的 E39 公里计划，目前已规划“水下悬浮隧道”方案。若项目建成，将使人类首次实现在超深水域建设交通运输通道的梦想。此外，韩国也计划修建一条悬浮隧道。

世界各国关于悬浮隧道概念设计，a) 为挪威悬浮隧道，b）c）为韩国悬浮隧道，d）为中国悬浮隧道

中国的悬浮隧道研究起步相对较晚，但起点较高。从 2018 年起，交通运输部天津水运工程科学研究院与国内外多家知名高校、科研院所、设计和

施工单位联合组成了技术攻关团队，系统性地开启了悬浮隧道的研究。目前，交通运输部天津水运工程科学研究院正在开展水弹性整体物理模型试验，在全世界尚属首次，旨在解答悬浮隧道到底是否安全可行、行车是否舒适等问题，并为未来的悬浮隧道设计与建造提供科学数据。此外，对悬浮隧道的锚固系统、连接结构、工程材料、施工方法也会提出更高、更复杂的技术要求，需要更多的科技力量去攻破。

当海底悬浮隧道技术难题完全攻克之时，在中国的诸多海峡之间，建设海底隧道都会变得现实可行，到那时，中国的交通瓶颈将“豁然开朗”。

随着智能化建造技术的发展，未来我国世界级跨海通道将不断积累完善各类海床地基土体条件下的跨海通道设计与施工方法，突破基于深度学习的跨海通道智能化建造技术理论，实现自学习、自适应的跨海通道智能化建造体系，建立动态感知、实施分析、精准决策、自主执行的跨海通道智能化建造体系，从而全面推广和实现跨海通道的智能化建造。

世界级大型桥梁建设技术

现代桥梁是重要的社会资产，极大地促进了社会的发展。改革开放 40 多年来，是我国桥梁建设发展的黄金时期。我国的桥梁建造技术历经学习与追赶、跟踪与提高、发展与超越三个发展阶段，取得了实质性的飞越，赢得了国际桥梁界的尊重与认可，逐渐步入世界桥梁大国之列。

当今世界，新一轮科技革命和产业变革正在兴起，全球科技创新呈现出智能化、信息化的新发展趋势。新一代信息技术正在改变人类的生活方式，并给传统产业带来了革命性的变化。桥梁建设和养护技术是材料、设备制造、信息、节能和环保等产业发展的重要载体。因此，在新科技革命和产业转型的浪潮中，我们应抓住时代的机遇，实现桥梁建设和养护技术与新一代信息技术的全面融合，促进桥梁产业的全面转型升级，从而促进“第三代桥梁工程”的发展。

“第三代桥梁工程”的主要发展方向为“智能桥梁”（Intelligent Bridge）。“智能桥梁”的发展战略与国家战略定位和产业痛点高度契合，代表了桥梁工程的发展方向。与传统桥梁相比，“智能桥梁”具有三个基本特征——产业化、信息化和智能化，在桥梁建设和养护技术充分发展的基础上，融合大数据、云计算、物联网、虚拟现实和人工智能等先进技术所形成的新一代桥梁建设和养护技术。

智能桥梁

“智能桥梁”技术能够实现桥梁工程全寿命周期的风险感知、快速响应和智能管理。而且，在包括勘察、设计、制造、施工、运营和养护在内的整个桥梁工程寿命周期内，“智能桥梁”技术能够从根本上促进科技创新、管理模式创新和企业间协同管理创新。将中国桥梁工程升级为以“智能桥梁”为特征的“第三代桥梁工程”，对完成支撑国家重大发展战略、确保大型桥梁的安全和使用寿命以及实现桥梁强国梦的三大历史任务具有重要意义。“第三代桥梁工程”相关技术的发展，将推动我国引领智能化技术、产业化体系和专业化桥梁工程平台的一体化发展，是我国桥梁产业发展的一次重大飞跃。

先进轨道交通技术

“十四五”期间，轨道交通科技发展将不断满足城市轨道交通建设、运营、维护、应急处置等全生命周期的需求。大力推进轨道交通与新一代智能技术的融合，应用人工智能、云计算、大数据、物联网、区块链等新兴信息技术，全面感知、深度互联和智能融合乘客、设施、设备、环境等实体信息，在轨道交通各个环节提高科技水平，实现智能化、互联互通、节能环保、安全可靠和高舒适度。具体体现在以下几个方面：

先进的轨道技术

我国轨道交通装备将朝着进一步谱系化、模块化、标准化、绿色化、智能化、高速化、高舒适度、安全可靠和更互联互通等方向发展。随着装备技术的提升，城市轨道交通系统制式由单一的地铁发展到轻轨、有轨电车、磁浮、单轨、自动导向轨道、市域快轨的多制式多层次交通体系的协调并存。

多网融合、跨区域互联互通的轨道运输协同技术

随着都市圈及城市群的发展，市域快速轨道交通需求日益增多。轨道交通将与其他交通方式融合发展，打造多网融合、互联互通的轨道运输体系，构建城市（群）一体化交通网，实现“城市交通区域化、区域交通城市化”是必然趋势。基于先进通信信号系统的网络调度指挥技术将实现新一代区域多制式轨道交通网络运行，包括快慢车、跨线运营、大小交路、中心城和郊

区段实行不同的行车间隔等行车组织模式，提高运行效率及列车满载率，满足不同出行需求。

轨道交通为主的城市交通一体化技术

随着城市化进程的加快，特大型、大型城市轨道交通客运量不断增长，广大人民群众对城市公共交通的整体衔接和顺畅高效提出了更高的要求。轨道交通为主的城市交通一体化技术，尤其是公共交通接驳一体化精准匹配技术是当前各大城市亟待解决的难题。

更加精准高效的现代轨道运维体系

我国正处于轨道交通大发展时期，随着线网规模不断扩大，面对人员分布不均、技术水平差异化、设备制式多样化、客流量持续攀升，对设施设备的可靠性、安全性提出了更高要求。为提升轨道交通智能运维水平，需要探索将传统的周期性计划维修转变为基于设备状态分析的预防性维修，将传统以人工为主的运维方式转变为自动化、信息化的智能监测维护方式。运用网络化、数字化、信息化、BIM+GIS 融合、智能运维管理等技术，可以有效提升运维管理的智能化程度，提升轨道交通治理能力现代化水平。

更加安全可靠的轨道交通主动安全体系

随着建设规模的不断扩大，轨道交通建设环境日趋复杂。地铁线路穿越既有运营隧道、既有建（构）筑物；下穿江河；穿越富水、软硬不均、卵石地层等复杂环境成为地铁建设的“新常态”，需要采取创新技术解决高速建设和复杂环境带来的施工困难、安全风险等诸多问题。通过构建全息智能感知、快速辨识、风险评估预警、系统级安全防护、运载装备本构安全、快速应急处置等技术体系与平台系统，可强化城市轨道交通主动安全体系，保障运营安全。

更加人性化智能化的轨道交通服务体系

充分融合新一代信息技术，构建智慧服务新模式，推进服务供给侧结构性改革，探索一体化、人本化、低碳化出行模式，为旅客出行提供全链条解决方案，满足人民群众多样化、定制化的高品质出行需求。探索应用智慧安检新技术、智能支付技术、定制化出行规划、精准运营动态信息服务等，扩展城市轨道交通服务的广度和深度。

智能交通与自动驾驶技术应用

近年来，交通运输基础设施数字化和智能化与自动驾驶汽车，成为我国智能交通领域的关注焦点。

智能交通

目前，我国在交通运输基础设施数字化和智能化发展方向上已经形成共识。2019 年 7 月 25 日，交通运输部发布《数字交通发展规划纲要》（以下简称《纲要》），提出加快交通运输信息化向数字化、网络化、智能化发展，为交通强国建设提供支撑。

根据《纲要》规划，到 2025 年，交通运输基础设施和运载装备全要素、全周期的数字化升级迈出新步伐，数字化采集体系和网络化传输体系基本形成。交通运输成为北斗导航的民用主要行业，第五代移动通信（5G）等公网和新一代卫星通信系统初步实现行业应用。交通与汽车、电子、软件、通信、互联网服务等产业深度融合，新业态和新技术应用水平保持世界先进。到 2035 年，交通基础设施完成全要素、全周期数字化，天地一体的交通控制网基本形成，按需获取的即时出行服务广泛应用。我国成为数字交通领域国际标准的主要制定者或参与者，数字交通产业整体竞争能力全球领先。

自动驾驶汽车的内部视图

自动驾驶技术是世界公认的未来发展方向和关注焦点之一，可以提供更为安全、节能、环保、舒适的出行方式和综合解决方案，是智能交通系统的重要环节，其意义不只是在于汽车本身的产品与技术的升级，更有可能带来汽车及相关产业全业态和价值链体系的革命。

2020 年 2 月，国家发改委等 11 个部委《智能汽车创新发展战略》正式发布，其中明确指出，当今世界正经历百年未有之大变局，新一轮科技革命和产业变革方兴未艾，智能汽车已成为全球汽车产业发展的战略方向。这表明我国已将驾驶自动化技术作为交通领域的重点发展方向，并从国家层面进行战略布局。12 月，交通运输部发布《关于促进道路交通自动驾驶技术发展和应用的指导意见》，提出了自动驾驶技术的发展目标：到 2025 年，自动驾驶基础理论研究取得积极进展，道路基础设施智能化、车路协同等关键技术及产品研发和测试验证取得重要突破；出台一批自动驾驶方面的基础性、关键性标准；建成一批国家级自动驾驶测试基地和先导应用示范工程，在部分场景实现规模化应用，推动自动驾驶技术产业化落地。

智能汽车

目前，我国自动驾驶技术和应用已经呈现出一些显著趋势。一是形势分析与政策研究将持续加强。二是多方合力推动技术研发、科研布局进一步优化。2020 年 7 月，交通运输部和科学技术部共同编制《交通运输科技创新中长期发展规划纲要（2021—2035 年）》和《交通运输科技创新“十四五”发展规划》，全面布局包括自动驾驶技术在内的交通运输科技研发任务，加快推动科技成果在交通运输各领域深度应用。三是测试基地及试点示范建设将快速推进。交通运输部于 2020 年 8 月印发《交通运输部关于推动交通运输领域新型基础设施建设的指导意见》，在助力信息基础设施方面明确提出推动自动驾驶研发应用，同时提出建设一批国家级自动驾驶测试基地，推动先导应用示范区建设，实施一批先导应用示范项目等。四是智慧公路试点与先导应用示范工程稳步推进。交通运输部起草的《自动驾驶先导应用示范工程工作方案（初稿）》，将支持公路运输、城市出行与物流、园区内运输、特定场景作业等 4 个方向 10 类应用场景，并初步遴选了上海洋山港区域自动驾驶、天津港自动驾驶码头作业、浙江德清多场景自动驾驶示范等作为试点项目。

现代物流技术与供应链管理

现代物流是借助现代科技特别是计算机网络技术的力量，对社会现有的物流资源进行整合，实现物品从生产地到消费地的快速、准确和低成本转移的全过程，获取物流资源在时间和空间上的最优配置。从物流行业的发展阶段来看，5G、物联网、人工智能、云计算等技术助推物流行业进入“数智化”阶段，自动驾驶车辆、无人机、无人仓、数字化供应链控制台等创新产品，让供应链最终实现全程可视化、智能化、自动化和透明化。

人工智能（AI）技术

人工智能与物流和供应链融合日益普及，据中外运敦豪（DHL）前沿趋势研究院预测，在未来 20 年中，AI 在供应链管理中的应用将带来 1.4 万亿美元的经济效益，83% 受访公司高管都将人工智能列为公司的战略目标之一。

人工智能在物流行业应用主要分为两种，一是以 AI 技术赋能的智能设备代替人工，比如智能卡车、智能配送车、无人机、客服机器人等；二是利用计算机视觉、机器学习、运筹优化等技术或算法更好实现人机交互、流程自动化和物流信息预测等管理技术，提高物流效率。

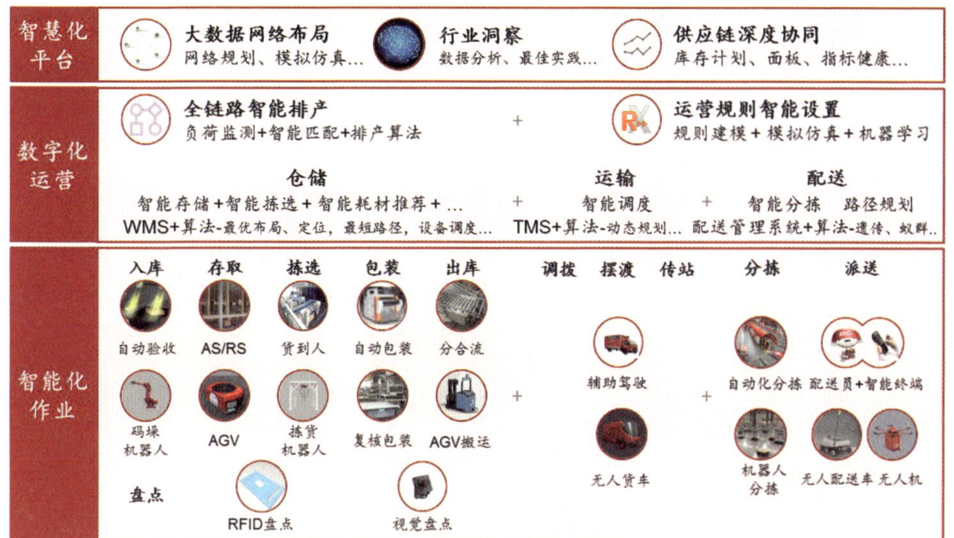

中国智慧物流 2025 应用展望框架

区块链与物流信息安全

物流体系包含多个参与方，在共建合作和生产流程中需付出较高的成本建立信任机制，包括运营成本、审核成本、对账成本和管理成本等。区块链的不可篡改性，能够解决多主体信任问题，通过“智能合约”自动触发交易，整合物流、资金流、数据流，再利用 5G 技术将信息快速传输至区块，保障物流链条上数据可信度；分布式账本技术也可以有效解决信息分散问题，保障信息安全可靠。

出行即服务 (MaaS)

MaaS（Mobility as a Service）的概念最早于 2014 年出现在瑞典，在 2015 年的 ITS 世界大会上成为交通领域流行的主题，随后在欧洲成立了 MaaS 联盟，并提出社会需要建立集合多种运输服务于一体可按需提供的移动服务，充分利用大数据决策，调配最优资源，满足出行需求，从而为用户提供最优的出行服务，实现从以往出行即运输到出行即服务的转变。

随着交通拥堵和环境污染治理的推进，城市公共交通、共享交通等多模式交通的快速发展，特别是公众出行便捷化、个性化、一体化需求的提升，以及智能手机和便捷支付的普及等，出行即服务 MaaS 逐渐从规划研究进入了应用实践阶段，并且越来越得到重视。

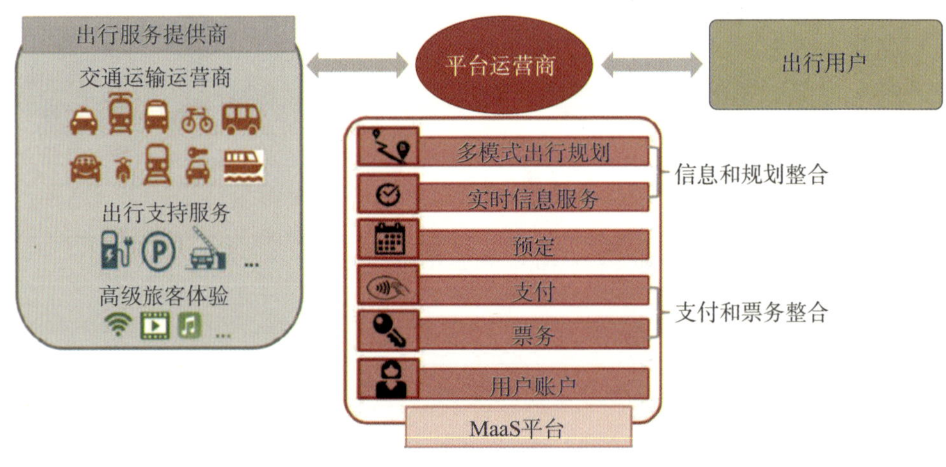

MaaS 概念示意图

我国各级政府出台了一系列的政策，鼓励 MaaS 的发展。2019 年 9 月，中共中央、国务院印发的《交通强国建设纲要》，提出大力发展共享交通，打造基于移动智能终端技术的服务系统，实现出行即服务。2019 年 7 月，交通运输部印发的《数字交通发展规划纲要》，提出倡导“出行即服务（MaaS）”理念，以数据衔接出行需求与服务资源，使出行成为一种按需获取的即时服务，让出行更简单。2019 年 12 月，交通运输部印发的《推进综合交通运输大数据发展行动纲要（2020—2025 年）》提出鼓励各类市场主体培育“出行即服务（MaaS）”新模式。当前，北京、佛山等城市正在积极推动一体化出行服务平台的建设。

《中国交通的可持续发展》白皮书指出，我国综合交通网络规模和质量实现跃升，覆盖广度和通达深度不断提升，交通基础设施从“连线成片”到“基本成网”。为了进一步提升整体网络的运行效率与服务质量，还要推动由各种交通方式相对独立发展向更加注重一体化融合发展转变，填平各种运输方式衔接不畅、协同不够、融合不深、共享不足等低效率洼地，更加注重一体化融合发展，实现系统效率最优。

因此，面向旅客提供无缝衔接、便捷舒适的全链条出行服务，实现线上线下服务的出行服务融合，在各个运输方式“硬联通”的基础上实现一体化线上服务的“软联通”，是移动互联时代的交通出行新需求。目前，我国出行信息服务的总体目标是以“共享化、一体化、人本化、低碳化”为主要特征，打造多交通方式一体化出行信息服务（MaaS）体系。实现一体化路线规划、一体化支付、供需匹配协同调度、综合交通运输协同治理等 MaaS 核心功能。面向百姓提供覆盖出行全链条的便捷、绿色出行服务。

目前，我国部分城市也在积极探索发展 MaaS 新模式。2019 年，北京市交通委员会与阿里巴巴旗下高德地图签订战略合作框架协议，共同启动北京交通绿色出行一体化服务平台（北京 MaaS 平台）。双方采用政企合作模式，共享融合交通大数据，依托最新升级的高德地图 App，打造北京 MaaS 平台，为市民提供整合多种交通方式的一体化、全流程的智慧出行服务，高德地图也从驾车导航工具升级为综合出行服务平台。2020 年 9 月，北京市交通委员会、北京市生态环境局联合高德地图等平台共同启动“MaaS 出行绿动全城”行动，基于北京交通绿色出行一体化服务平台 (MaaS 平台) 推出绿色出行碳普惠激励措施，积极倡导和推动市民绿色出行，实现了行前规划、行中引导、行后绿色激励。截至 2020 年 11 月，累计服务市民绿色出行达 245 万人次，绿色出行里程达 3000 万公里，碳减排量达 8057 吨，平均每日 1.3 万人参与绿色出行碳普惠活动。

北京市绿色出行碳普惠激励服务

综合运用云计算、大数据、物联网等高科技手段，实现多交通方式的全面感知、泛在互联、智能融合、协同运作。促进各种出行要素和相关方可靠互动，实现交通调度智能化、出行服务协同化、业态创新开放化，全面提升综合交通运输网络的运营效率、服务能力。一般来看，MaaS 体系包括以下几大系统。

一体化出行信息服务系统

出行服务融合轨道、大巴、公交、出租等多种交通方式，实现出行路径选择、站点周边兴趣点、营运信息、实时满载率等数据共享，并基于旅客出行行为画像及出行需求感知，为用户提供最佳路线规划、出行套餐预定、一体化支付结算等功能，提升乘客出行资讯获取速度和质量。

多模式协同调度支持系统

建立与轨道、大巴、公交、出租等多种交通方式合作的新型调度系统，基于前端服务所获取的实时出行需求，并进行短时出行需求预测，同时结合未来的交通运行状态，对现有服务资源进行动态调度并对需求进行实时响应，实现对车辆与客流的资源最优匹配。

综合交通运输协同治理系统

以多模式交通出行链数据为基础，从运行态势、服务监督、票价核算及补贴、配套基础设施规划优化、车辆规模管理等方面进行大数据分析，评估出行链服务水准，发现服务瓶颈，以改进服务策略。

基于区块链的 MaaS 数据共享平台

借助区块链不可伪造、全程留痕、可以追溯、公开透明、去中心化等特征，构建各类线下运输服务主体与线上信息服务主体之间的MaaS数据共享平台，解决各企业主体之间因为不信任而带来的数据难以共享、服务难以融合等问题。

MaaS 具备一定的公私合营特点，建立合理的政企合作机制是 MaaS 走出“政府示范”，走向“公众应用”的关键，需要统筹考虑行业治理、行政授权、产业孵化等关键要素。同时区块链技术的出现使得中间服务管理平台（政府或委托第三方机构为主导）与产业伴随发展成为可能，将对现有 MaaS 的建设运营模式产生影响。可充分借鉴国内外经验，融合大数据、区块链、人工智能等新一代技术特点，提出 MaaS 政企合作条件下可持续运行机制、政策法规、标准体系建议。

新型船舶的设计建造

我国船舶研发向大型化、专业化和标准化发展，净载重吨上升，超大型专业运输船舶建造取得进展。2017 年初，国务院印发《“十三五”现代综合交通运输体系发展规划》中提出“鼓励交通运输走出去”，开拓港口机械、液化天然气船等船舶和海洋工程装备国际市场。为推动我国水运强国的建设，加强船舶智能系统总体设计，整合行业内外创新资源，突破智能船舶基础共性技术和关键核心技术。重点围绕智能感知、智能航行系统等研制需求，着重提升船舶总体、动力、感知、通信、控制、人工智能等多学科交叉的集成创新能力，实现技术赶超和引领。主要体现在如下方面。

大型邮轮设计制造

研究大型邮轮结构设计、邮轮美学设计、振动噪声控制、节能环保、动力系统集成与多智能体综合电网系统、邮轮支持系统、邮轮安全及管理、设备研发应用及国产化等技术及邮轮标准规范及标准体系。

特种船舶制造

研究大型液化天然气（LNG）船、深远海监管指挥船、高速巡航救助船、深远海大吨位打捞救援船、半潜式远海应急维修保障船、大型溢油回收处置船等总体设计及关键配套设备自主研制等技术。建造并改善大型客滚船、超大型集装箱船、大型挖泥船和大型液化天然气船等在内的各种高附加值船舶。集装箱船、散货船、油船三大主流船型技术水平在国际上具有一定的竞争优势，具备自主研发能力，形成品牌船型。

极地航行船舶

研究极地航行船舶总体设计，冰水池试验，冰区航行稳定性、快速性和操纵性，船体强度的线性与非线性（屈曲）、疲劳与风险、极地环境保护与应急救援等技术。

我国首艘具备破冰能力的大型航标船"海巡 156"轮

船用清洁高效动力系统

研究柔性控制发动机总体设计、近零排放发动机总体设计、清洁能源混合动力系统协同设计、超临界二氧化碳发电技术、岸基能源船舶驱动、分布式蓄电池电力推进、船舶综合直流组网设计等技术。

不断完善船舶产品结构

研发全球最先进抛石船、全球首艘极地重载甲板运输船、汽车滚装船、全球最大乙烯运输船、多型液化气船、海洋救助船及远洋救助船等。

智慧航海与智能船舶

国内首艘小型无人智能货船

随着第三次工业革命信息技术产业的大发展以及第四次工业革命智能化产业发展的来临，无人装备制造取得了快速发展。其中，无人艇是无人水面航行器(Unmanned Surface Vehicle)的简称。广义的无人艇是指一种可执行某类指定任务，并基于任务目的进行功能、性能设计的水面机器人；狭义的无人艇则是指具有一定机动能力的水面自主、半自主、遥控搭载体。

无人艇主要用于执行特别危险、特别枯燥以及其他不适于有人舰艇执行的任务。在民用领域，应用到水质采样、水质监测、航道测绘、水底地貌测绘、核辐射监测等。国外无人艇已在海上巡逻、环境检测、航道测绘及军事领域等方面得到广泛应用。

无人艇由平台系统和任务载荷系统组成，两个系统之间通过通用接口进行集成。平台系统包括平台本体分系统、动能分系统、感知分系统、控制分系统、通信分系统和交互分系统，六大分系统共同组成无人艇最基本的通用单元，可以独自操作运行，是为完成不同任务而设计的搭载平台。任务载荷系统是指无人艇用以执行任务的仪器设备以及配套伺服机构、装置，可根据不同的任务目的、用途规划出不同的任务载荷系统。

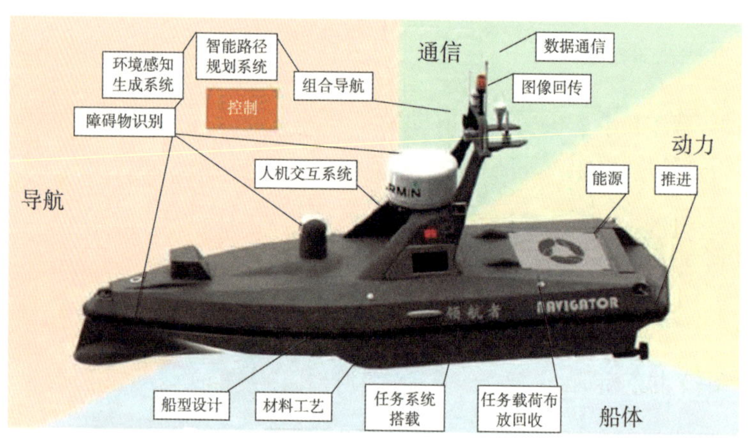

无人艇功能分布

当前对无人艇的探索重点基于三大技术。首先是对传感器融合的探索，目前传感技术发展已相当成熟，并被用于诸多自动驾驶交通工具；其次是对控制算法的探索，安全航行和避免碰撞对远程和自动驾驶船舶非常重要，这将决定船舶在接收到传感信号后如何做出反应、采取何种行动；再次，是对通信和互联的探索，自动船舶仍然需要来自岸上的指令，因而保证岸上操作人员和船舶的沟通也很重要。这种沟通是双向、精确、具有延展性的，并且由多种系统支持，从而尽可能降低风险。

无人艇逐步替代传统船舶是大势所趋。首先，无人艇能够节省大量人力。单调的航海生活，长期远离家人和陆地，使得船员这一职业缺乏吸引力，船员难招是不少海运企业面临的难题，而无人驾驶技术，不仅可以很大程度上缓解远洋货轮船员短缺的难题，还能节省成本开支。另外，无人艇能够节能减耗。少了驾驶台、船员休息区、食品仓库等，货轮将变得更轻，所需燃料更少。从安全角度考虑，许多海运事故是由于船员玩忽职守、操作不当造成的，无人艇将减少人为事故的概率，即便遇到撞船、触礁、海盗、暴风雨等危险，也可以避免人员伤亡。

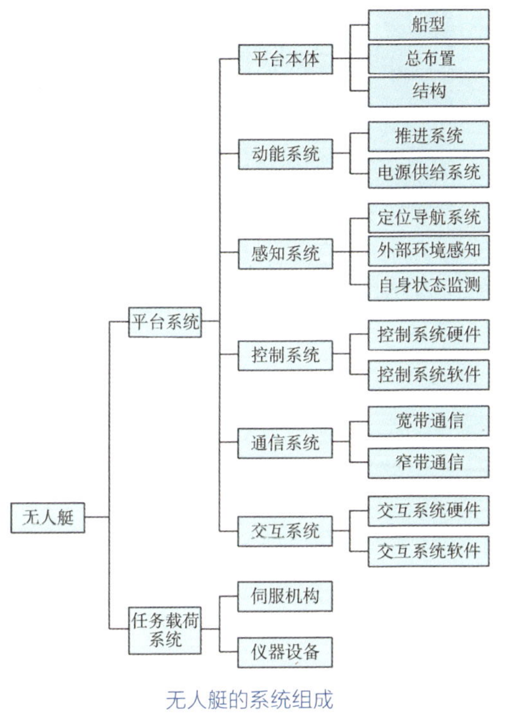

无人艇的系统组成

未来，随着材料技术、传感器技术、智能控制技术以及相关法规的发展，无人艇将逐步脱离传统船舶的设计思路，设计开发将从“以船舶为核心”转化为“以任务目的为核心”。无人艇将从一种智能化水面搭载平台，转变为针对某任务目的的作业系统，船舶由位于海岸的运营方控制，无人艇会在计算机程序、远程控制系统和通信系统的辅助下航行，对人工干预的依赖性逐步降低，初步具备独立、完整的作业能力，可替代部分传统的调查手段和方法。这意味着，“船长”即便身在中国内地，也能将一艘货轮从中国香港“开”

到美国夏威夷。

北斗导航在交通领域的应用

2020 年 6 月 23 日，北斗三号全球组网成功，我国成为继美国、俄罗斯之后世界上第三个拥有全球卫星导航系统的国家。北斗三号实现了定位和授时两大核心功能，具有短报文通信、有源定位、星座星间链路、新一代原子钟等特色服务。北斗三号进一步促进了北斗集成电路芯片和北斗高精度定位系统的发展。

中国北斗导航系统卫星模型

与此同时，“交通强国”和“交通新基建”也极大地促进了北斗与其他技术深度融合，包括 5G、大数据、云计算、物联网、区块链、虚拟现实、人工智能、BIM、数字孪生、高精度地图、遥感等一系列高新技术。北斗技术的融合，将全面实现交通运输行业基础设施和装备状态感知与互联，推动交通运输行业创新应用与发展，全面服务于“交通强国”和“交通新基建”建设。目前，交通运输领域已经利用北斗全球卫星导航系统开展了诸多应用探索。

北斗自由流里程收费

技术实现基本思路，是依据车辆行驶里程以及不同路段的费率，计算出收费金额。北斗自由流里程收费技术采用北斗系统的定位、授时、短报文、高精度等核心技术，融合高精度地图、大数据、云平台、网络支付等先进技术。

北斗自由流里程收费系统可以不再设置收费站，这对于公路建设投融资、生态环境保护、调节全路网交通流量、提升路网整体效益和智能化水平，实现“用路者负担”公平性、降低管理成本等方面具有明显优势。

车路协同与自动驾驶

在自动驾驶和车路协同应用中，所有的服务都是基于位置开展的，技术基础是基于位置的通信。北斗高精度技术、授时技术、高精度地图技术、V2X技术相互融合，可以提供精准的时空信息，探索基于交通运输行业特征场景、特定区域和重点监管车辆的应用，助力车路协同在自动驾驶的互动应用，开展 L3 以上级别的自动驾驶测试和队列跟驰测试。

客车道路运输服务新业态

借助于北斗定位技术，融合电子地图、移动 App、网络支付、云计算、大数据、物联网和人工智能等先进技术，道路客车运输新业态对客运道路运输生产方式进行相应性改造。相继出现了网约车、共享单车、定制客运、汽车租赁等新领域，增加了网络业务平台、汽车租赁公司、网约车公司等经营主体，极大地丰富了社会公众出行服务。

公路基础设施地质灾害监测预警

北斗高精度定位技术与传统公路地质灾害监测技术相比，可以 24 小时连续观测、直接获取基础设施独立的三维绝对坐标、实时计算并显示三维位移（包括收敛、位移、沉降等）、采样频率高（10~20 赫兹），具有全天候、全自动、高精度、延迟短、实时性强、测试点与基准站间不需要通视的显著优势。北斗高精度技术开始在交通运输行业精密工程变形监测中逐步得到广泛的应用，包括桥梁、隧道、边坡等地质灾害监测与预警。

通导遥感在公路勘察设计中的应用

采用北斗高精度定位技术、高分遥感和通信技术，开展交通基础设施创新应用，研制高精度数模产品，开展正向 BIM 设计，提升设计质量，降低变更频率，支撑基础设施全生命周期管理。相对于传统测量方法，北斗高精度定位技术具有测站之间无需通视、定位精度高与速度快、全天候作业和观测效率高与自动化程度较高等许多优点，有效减少人为误差的产生。在公路选线工作中，北斗系统还可用于对航空照片和卫星相片等遥感图像进行定位和地面矫正。

港口集装箱码头自动化

磁钉、格雷姆线、超声波等传统定位方式存在施工难度大、定位偏差大、定位精度不高等问题。通过融合北斗高精度定位与惯性导航、激光扫描、GIS 等技术，对场桥及吊具、集卡车、集装箱进行全天候精准定位，实时获取位置、姿态、动态等信息，实现场桥大车自动定位、集卡车进行集装箱自动装卸、堆场堆取箱自动化操作等应用，提高码头装卸船的效率、货物进出港的效率。北斗高精度定位技术，为探索实现大规模无人驾驶电动集卡车队规模化运行，提供了技术基础。

到 2025 年，完善导航、定位和授时（PNT）体系框架，完成相关接口协议与标准规范制定，确保北斗系统稳定运行，完成性能提升演示验证，完成高精度的时空基准动态维持和传递、导通融合、低轨导航增强等系统关键技术演示验证。到 2035 年，完成下一代北斗系统星座组网，建成时空信息服务的备份增强系统，部署多源融合高可信的 PNT 终端，完成室内、水下、太空等特殊区域的 PNT 技术试验应用，完成国家综合 PNT 体系建设，提供体系化的 PNT 服务。